发现你自己，就能够赢得一个世界

——获得幸福生活的心灵调节术

耿兴永　编著

中国纺织出版社

内 容 提 要

相信每个人都有过孤独感、经历过失望、陷入过困惑，在复杂的人际关系中无能为力，在情绪中失控……

心理学家说："快乐来自于对自己的信任、肯定，来自于对自己的认识与发现。"要获得良好的情绪，我们需要像好朋友一样了解和爱护自己的内心世界，以免在不自知中失去自我。

本书由知名心理学专家根据他在生活中接触的大量案例所写，告诉你如何了解自己的性格、调整情绪，改变人际关系，使你的爱情甜蜜、职场如鱼得水、与人相处左右逢源，身心处于非常和谐的状态，获得生活的幸福与事业的成功！

图书在版编目（CIP）数据

发现你自己，就能够赢得一个世界 / 耿兴永编著．—北京：中国纺织出版社，2017.10（2025.1 重印）

ISBN 978-7-5180-3915-9

Ⅰ．①发…　Ⅱ．①耿…　Ⅲ．①成功心理—通俗读物　Ⅳ．① B848.4-49

中国版本图书馆 CIP 数据核字（2017）第 189602 号

策划编辑：向连英　　特约编辑：邓艳丽　　责任印制：储志伟

中国纺织出版社出版发行

地址：北京市朝阳区百子湾东里A407号楼　邮政编码：100124

销售电话：010—67004422　传真：010—87155801

http：//www.c-textilep.com

E-mail：faxing@c-textilep.com

中国纺织出版社天猫旗舰店

官方微博 http：//weibo.com / 2119887771

永清县晔盛亚胶印有限公司印刷　各地新华书店经销

2017年10月第1版　2025年1月第2次印刷

开本：710×1000　1/16　印张：15

字数：157千字　定价：78.00元

你并不孤独

我们对心灵的世界还知之甚少。

关于身体健康，如怎样呵护眼睛，怎样呵护牙齿，我们从很小就知道了，但怎样呵护心理健康，甚至很多人到了成年还不知道该怎么办。

生活中，我们常常把坏心情、不好的情绪、性格上的不足看成是只有软弱的人才有的负能量，逃避它、放任它，对它置之不理。这是不对的。

要知道，心灵是我们身体的一部分。当心灵出现波动时，身体乃至整个生活都会受到影响。失败、孤独、坏情绪……对我们的影响，一点都不比身体上的病痛轻。

你曾经对生活感到失望吗?

你能承受别人的拒绝吗?

你曾经为前途感到困惑吗?

你曾经因为缺乏沟通能力不被别人了解吗?

……

它们大都与我们的内心世界有关。

我们需要时时关注自己，要像真正的好朋友一样，爱护自己、保护自己的内心世界。

心理咨询师的一项最重要的工作就是帮助一个人认知自己、了解自己、释放自己，帮助他（她）重新走上幸福的生活道路。

请记住一点，你并不孤独，前行的路上有许多人与你同行。

第一章 从性格说起

第二章　坏心情是魔鬼——不要输在你的坏情绪上

第三章　爱情的秘密——爱情中的心理学

第四章　孤独是可怕的——要学会与别人交往

第五章　认知自己——获得健康的心态

第六章　你并不平凡——释放你的潜能

第七章　职业调节术——职场心理健康

第八章　常见心理测试

第一章　从性格说起

1. 发现你的独特之处

经常有人问我，心理学是做什么的？

心理学的内容很多、很广泛，涉及认知、情感、性格、人格、生活、事业等多个方面，但用一句话来概括，它就是用来帮助我们发现自我、了解自我的。

心理学家常常把一个人的生活比喻是驾驶一辆汽车，如果你想把汽车驾驶得游刃有余，不仅取决于路况的好坏、车本身的性能，还取决于你对车的了解程度，比如它有多少油、能开多快，它的发动机是否给力……如果不了解这些，那么即使是一辆很好的车，你也很难把它开得游刃有余。

生活中我们常常会有各种各样的困惑，比如：

- 最近一段时间心情很坏，怎样都高兴不起来。
- 整日忧心忡忡的，又不知道问题出在哪里。
- 觉得自己能力不行，对自我产生了怀疑：为什么我好像总是不行？
- 缺乏信心，为什么自己本来可以做到的事情，最后不知怎么没做好？
- 不了解别人，不知道怎样和别人相处。
- 性格古怪，让人难以捉摸，经常莫名其妙地发脾气。
- 莫名其妙地心慌，做什么都提不起劲。

……

每到这时，我们常常会不知道原因在哪里，有的人还会误认为自己生病了，去医院向医生求助，但医生往往也说不出个所以然。

但实际上，很多时候我们感到不愉快，不一定是由于身体上的不适造成的，相反，是由于我们内心的情感、认知等出现的波动造成的。情绪的波动、认知的偏差会影响外在的生活。很多人只知道每天努力工作，当他们的内心出现了波动时，当他们的内心发生变化时，自己却不了解原因。这样，不但不能提高生活质量，增加幸福感，还会因此陷入无尽的困惑和苦恼当中，有的人甚至失去了发现自己潜能的机会。

曾经遇到过一位年轻人，他对自己陷入了“信心危机”。

这位年轻人，来自于一个很小的县城，与女朋友一起来到大城市闯荡，成为“漂”一族。一开始工作很不顺利，不是觉得待遇太低，就是嫌公司的同事拉帮结派，氛围不好。因为工作不顺心，情绪不好，跟女朋友总是吵架，爱情也出现了问题。

不过，在积累了一段工作经验之后，他终于有了机会，在一次应试中，通过了层层的“拼杀”，在一家大公司里得到了一个助理专员的职位。能够在这家世界上知名的公司里任职，让他感到无比快乐和自豪。他对自己信心满满，认为这是自己新生活的开始。但是，很快他就遇到了新的麻烦，原来，这是一家世界级的大公司，同事大都是从美国加州大学、清华、北大等名牌大学出来的，在这里，他感觉自己就像一个可有可无的人。

新同事开会，每个人都介绍自己，轮到他时，想到自己平淡如水的经历，他突然感到十分紧张，不知道说什么才好，只用很低的声音介绍了一下自己，希望别人没听到才好。平时，看着那些能力出众的名牌大学毕业的同事，他感到自己是那么的卑微，毫不起眼；和别人说话的时候，他总是降低说话的调，生怕自己会说错什么，大部分时间都是在听别人说。有一次，领导要他修改一份报告，因为缺乏经验，他修改了很多次，仍没让领导满意，他对自己失望至极。其实，只是有几处细节没写好，而领导是个要求很高的人。

有了几次这样的经历，让他对自己产生了怀疑，他觉得自己很笨，很难把事情做好，在这样的公司里没有前途。

他对我说："我现在每天心情都很坏，感觉自己好笨，什么都做不好。"

他真的是笨吗？

在他的强烈要求之下，我给他做了一个心理测试，就是著名的《瑞文推理智力测试》。

瑞文推理是由英国心理学家瑞文设计的一种智力测验，可以很好地测出一个人的智商。经过四十多分钟的测试，答案出来了，他的智商大概有115。115意味着什么？一般人的平均智商是100，到了120就是很高的智商，只有不到10%的人智商能超过120。所以，115就是很高的智商了。

拥有这样的智商，为什么还不快乐呢？

➲ 智商测试

为此，我又给他做了《卡特尔 16 种性格因子》测试，结果多少找到点根源，他之所以心情不好，不在于别的，而在于他的自我认知偏低。

在心理学里，“自我认知偏低”就是说：没有对自己形成正确的认识，有意地低估自己的学识、能力等，觉得己不如人，即使是有长处也看不到，处处贬低自己，常常表现得郁闷。这位年轻人，因为刚刚走上工作岗位，遇到了一些小困难，又有这样的性格特点，结果，就把这些困难无限夸大了，甚至对自己失去了信心，其实，这其中的原因主要在他自己，在于他没有正确地认识自己。

经过对他的这些心理分析，告诉他性格和心理上的特点，并且鼓励他有意地去改变自己，最终他摆脱了消极的观念，恢复了信心和勇气，以十足的热情重新投入到工作与生活中。

生活不是一辆没有方向盘、到处乱撞的汽车，相反，我们每一个人都有内在的特征，要想很好地生活，就需要了解和认识自己，了解你的内在需求，了解你的性格、情绪等各方面的特点，这样，才有机会让你内在的潜质更好地发挥出来，才会取得你希望中的成就。

毫无疑问，每个人都需要认识和了解自己，尤其要了解自己的心理世界。

每个人都有自己独特的心理特征，有的人开朗，有的人忧郁，有的人大方自然，有的人含蓄羞涩。我们的生活不仅受外在的各种因素刺激和影响，内在的因素也会在很大程度上影响我们的生活。可以这样讲，心理学就是帮助你发现自己，找到属于你自己的特质，帮你做最好的自己，实现自己生活的幸福与事业的成功。

心理学是一门年轻的学科，它从创立到现在不过百年，但心理学却对人们的生活产生了很大的影响。很多名人也是心理学的大师，比如著名作家马克·吐温说过："发现你自己，就能够赢得一个世界"。莎士比亚也说过："做好心理准备，一切就会就绪和完成。"

世界上没有两片完全相同的叶子，每一个人都有不同的心理和性格特点，我们要做的，就是认识自己，发现自己，发掘自己的潜能，并把它释放出来，做最想做的自己。

2. 天生忧郁者
——性格是会遗传的吗

经常有朋友问我："耿老师，我的性格很忧郁，不管遇到什么事情总是往坏处想，每天总是闷闷不乐的，对自己很没信心，我不喜欢这样的性格，我的性格是天生的吗？"

人的性格可谓是多种多样。

在古代欧洲的希腊，有一位医生叫希波克拉底，他把人的性格气质分成四种，分别是胆汁质、抑郁质、多血质和黏液质。

其中胆汁质的特点是热情、直率、精力旺盛、动作迅猛、脾气急躁，代表人物如《水浒传》中的李逵、《三国演义》中的张飞。

抑郁质的特点是敏锐持重、感情深沉、不擅表露、内向敏感，代表人物如《红楼梦》里的林黛玉。

多血质的特点是活泼好动、热情、爱交往、感情外露、思维活跃，代表人物如《还珠格格》里面的小燕子。

黏液质的特点是稳重、忍耐，善于克制自己，情绪不轻易外露等，代表人物如精明的政治家、学者等。

生活中的人形形色色，每个人都有着不同的性格，比如：

- 有的人很焦虑，不管什么事情都忧心忡忡的。
- 有的人很多疑，不管对谁都无法信任。
- 有的人太冲动，做事情不计后果。
- 有的人喜欢发脾气，发起脾气来就控制不住自己。
- 有的人不会和别人相处，找不到可以信任的朋友和伙伴。

……

那么，一个人的性格是怎样形成的呢？

心理学家发现，人的性格的形成，主要有两大原因：一是遗传；二是生活对他的影响与改变。

美国和以色列的科学家研究发现，人的染色体上有一种遗传物质叫多巴胺，能够使人行成不安分守己、喜欢冒险的性格。因为这些遗传物质的影响，人们会表现得更加外向，更喜欢冒险；但如果缺少这种物质，人的性格就会比较保守、内向。

所以，性格是与遗传有关系的。

但是，遗传并不是决定性格的唯一因素，每一个人成长的生活环境、自身的调整对人的影响也很大。

性格与我们的自身的调整有很大的关系。

如果我们积极锻炼身体、培养自己的兴趣爱好，主动寻找快乐，那么就可能改变自己的性格。或者经常看一些积极的书、听一些欢快的音乐，情绪也会被调动起来；又比如，如果我们经常与开朗、热情的人打交道，这样不知不觉的，我们会被他们积极乐观的性格影响，内心也会变得阳光起来。

一个人的性格是在遗传、成长的环境与经历、后天的学习的共同作用下形成的。由于每一个人的遗传、成长环境和社会经历各不相同，所以人们的性格特点也会大相径庭。正是这个原因，生活中我们几乎看不到性格完全相同的两个人。但毫无疑问，自身的努力可以改变我们性格，让你变得更阳光、更开朗，在生活中得到更多的幸福和快乐。

当你对自己的性格不够满意时，可以尝试通过下面的方式去改变自己。

选择健康、快乐的环境

在生活中，我们应该调整自己，尽量选择那些有利于我们的环境。

俗话说，“近朱者赤，近墨者黑”，我国古代有一个“孟母三迁”的故事，说的就是一个人的生活环境对他的成长影响很大。

孟子，名柯，战国时期鲁国人（现在的山东省境内）。三岁时父亲去世，由母亲抚养长大。孟子小时候很贪玩，他家原来住在坟地附近，他就跟着别的小朋友跑到坟墓附近玩学别人哭拜的游戏。他母亲认为这样很不好，就把家搬到了集市附近。孟子又模仿集市上的人玩做生意和杀猪的游戏。孟母认为这个环境也不好，就把家搬到学堂旁边。到这后，孟子就和学堂里的学生们一起跟先生学习礼节和各种知识。孟母认为这才是孟子应该有的状态，心里很高兴，就再也不搬家了。这就是历史上著名的“孟母三迁”的故事。

所以，选择良好的生活环境，选择与热情、开朗的人相处，我们的内心也会变得阳光起来。

保持健康的饮食生活习惯

一个好的习惯会让我们受益一生。很多人，每天生活懒懒散散，不但没有好习惯，还有很多坏习惯，总过着这样的生活，不仅内心激情调动不起来，还会让自己情绪也变得低落。很多性格有问题的人，往往也缺乏良好的生活习惯，比如贪睡、晚起、沉湎于电子游戏当中；再就是暴饮暴食、抽很多烟、酗酒；很容易过度的紧张、焦虑。经常过这样的生活，内心很容易变得焦躁不安。

保持一个健康的饮食生活习惯很重要，当你的生活变得有规律时，内心也会变得平和，性格也会变得可爱很多。

培养积极的兴趣和爱好

培养一些兴趣和爱好很重要，因为我们的内心需要外在的滋养。很多人生活很枯燥、很乏味。心理学家发现，凡是性格忧郁、闷闷不乐的人，也大都是生活单调、缺乏情趣的人。多培养一些健康的兴趣爱好，比如看书、写字、旅行等。有了兴趣和爱好，内心就会打开，接受新鲜的事物。

改变对生活的认知

可以这样说，如果你总是以快乐积极的心态看生活，你的心情也会随之变得开朗，性格也会变得阳光。心理学家发现，快乐的人与不快乐的人的最大区别，往往并不在于他们的生活本身有多大差别，而在于他们对待生活的认知不同。遇到同样一件事情，比如塞车，快乐的人可能会想："又堵车了，不过还好，一会就会过去。"但是，不快乐的人则会想："又堵车了，什么时候才能结束啊？真没办法，我真倒霉。"比如，同样感冒了，快乐的人会想："生病了，吃些药，好好休息一下，明天就会好转。"不快乐的人则不同，他们会这样想："又生病了，吃药能管用吗？会不会越来越严重？"尝试去改变对生活的不良认知，你的内心会悄然发生变化。

性格是遗传的，但也是受环境影响的。在生活中，我们应该尽量选择那些适合自己的环境，有意地调整自己，多学习，接受快乐、新奇的事物，我们的性格就会慢慢发生改变，获得健康快乐的生活。

3. 突破自我的局限
——性格不能决定命运

很多人疑惑：性格能够决定我们的命运吗？我觉得自己的性格有很多缺点，我会不会这辈子就是这个样子了？

有这样一位女士，她对我说："我这个人特别情绪化，坏心情一上来，控制不住自己，都不知道自己在做什么。

或许是小时候父母常年外出，和我在一起的时间比较少，我的性格从小就有些孤僻，特别害怕遇到困难，稍微遇到一点困难，就会哭、发脾气。尤其是认为自己能力不足，常常会偷偷地唉声叹气。在写工作报告的时候，常常会一边写，一边偷偷地掉眼泪，觉得自己好像有什么委屈一样。

常常会没来由地不开心。我有一位男朋友，两人相处得还不错。前几天，他在看一个是喜剧电视节目，他看得很开心；我在一旁做别的事情，看他这么高兴，不知为什么我的坏脾气就上来了，一把夺过遥控器，换到别的台。他想换回来，我不肯，就这样，把他搞得莫名其妙。

但是发过脾气之后，又会喜笑颜开，好像什么事都没有发生过一样。

最近，我发现自己更爱发脾气了。因为刚参加工作，工作压力比较大，常常是手忙脚乱。要经常加班，每天回到家的时候都是很晚了，一个人走在黑黑的街道上，只有忽长忽短的影子陪着自己，觉得很凄凉。回到家里我就会给朋友打电话，哭诉很久，我觉得自己很可怜，好像没有人关心我。但到了第二天早上，却又和没事一样，会接着上班去。

我都觉得自己有些不可理喻，我的性格就是这样的吗？我会不会以后一直都是这个样子了，还能改变吗？”

性格确实能在一定程度上影响我们的生活。因为我们的认知、情绪等内在的特征有一定的稳定性，它们会在生活中影响我们的行为。

但从另外一个角度来讲，又取决于你自己是不是愿意以积极的态度去迎接生活。

有这样一个故事，有两位农夫分别赶着两辆车到城里去，在路过一片低洼的路面时，一不小心陷到泥淖里去了。这时，其中一个说：“真倒霉，这可怎么办？天黑之前无论如何也赶不到城里去了。”他忍不住坐在路边，唉声叹气起来。另外一个，虽然刚开始也感到很失望，不过，只过了一会，他就开始想办法，他找来干土和石头，一点一点地垫在车轮下，又是跑到后面亲自推车。结果，在他的努力之下，真的让车走出了泥泞，在天还没完全黑下来的时候，他赶到了城里。

这虽然是一个故事，却折射出这样一个道理：面对同样一件事情，不同的人可能会有不同的反应，结果也自然不相同。

很多人像第一个农夫一样，遇到问题的时候，他们所能做的就只是抱怨，觉得自己不可能再做到了，然后就放弃了。但实际，也有一些人像第二个农夫一样，当他们遇到问题的时候，更重要的是采取行动解决问题。

培根说过：“一切幸福都并非没有烦恼，而一切逆境也绝非没有希望。”生活并不是一成不变的，它取决于我们是否愿意采取行动去改变它。性格也是如此，只要你愿意，它们能够朝你希望的方向发生改变。

心理学正是帮助你正确地认识自己的。通过对你的性格、情绪、能力等各方面的心理特点有一个完整的认识，从而帮助你更好的生活。

作为一名心理辅导师，我可以负责任地说，很多人之所以感到生活不如意，并不是因为他们本身不行，而是他们还没有充分的了解自己，没有发现自己的潜能，没有去改变和调整自己。

一般来讲，可以通过下面的方法去发现和改变自己。

发现自己的性格特点

每个人都有独特的性格特点，如有的人乐观，有的人消极，有的人含蓄，有的人自然。认知到自己的性格特点，就知道自己在生活中“会怎样做”，换句话说，你就可以更好地控制自己的行为，避免不愉快的事情发生。比如羞涩的人可以有意地锻炼自己，让自己大方起来。很多人遇到困难容易灰心、失望，原因并不一定在于他们本身有不足，而在于他们并不了解自己。美国总统奥巴马，生下来身体有一些不足，也曾受到过别人的歧视，他也曾觉得自己天生就是不如别人的。但是他并没有放弃，他发现自己在演说、表达和组织方面很有才能。最后他成为一名律师，直到成为一名总统。所以，没有什么是不可能的。

了解自己的情绪特征

有的人冲动，有的人忧愁，有的人焦虑……这都是我们的情绪特征。了解你的情绪特征，不让自己随便被情绪掌控。比如有的人一遇到问题就发脾气，遇到问题不知道怎样处理，这时，就可以提醒自己：“我要发脾气了，要注意。”这样，你就会平静下来。了解自己的情绪特征，会让你及时控制自己的不良情绪，恢复积极快乐的心态。

发现自己的能力特长

每个人都有自己的能力和特长，但多数情况下我们很难有意识地发现自己的优点、长处，同时改变自己的不足，能把自己的才能最大限度发挥出来。

在生活中认识和改变自己

很多人觉得自己找不到幸福和成功的道路，只是你还没有认知自己而已。生活不是一成不变的，了解认识自己、改变自己，改变自己的心理状态，就可以帮助你实现这个目标。

4. 空中楼阁的缔造者
——浪漫型性格

女人都希望有一个浪漫的爱情，但当她们真正遇到浪漫的男人的时候，又往往会有一丝隐隐的忧虑。

一位女孩子，她最近遭遇了一场突如其来的爱情。

因为工作的原因，偶遇了一位年轻人，男孩子向她发出了猛烈的攻势，她则被突如其来的恋爱搞得心慌意乱，不知道该怎么办了。

那男孩有着艺术家的气质、英俊的外表，当然，最重要的是有着浪漫的性格。

他会每天用两个小时的时间给她打电话，在电话里不厌其烦地讲述当天遇到的新鲜事，如有什么好看的电视剧播出了；公司里发生了怎样好笑的事；哪里的美食小吃口味独特，然后邀请她一起去。平常还会选一些小礼物。过节的时候要送花；喜欢音乐，能够对各种流行音乐滔滔不绝。每天手机微信里不停地发来各种问候，还有各种有趣的图片，一看就是精心挑选的。所有她能想象到的浪漫场面似乎他都实现了，她不知道还能挑出什么毛病来。

她一开始对他只是有些许的好感，但是架不住每天连续不断的攻势，现在，他又向她求婚了，她有些招架不住了。对于这突如其来的爱情，她感到有些担心，觉得自己对他的了解还不够。她问我："我很难拒绝他，可是，您说我该嫁给他吗？"

女人当然都喜欢浪漫的男人，浪漫的男人大都有着丰富的感情，多情、善解人意，似乎总能触动她们内心里的那根需要关爱的神经。

浪漫型性格的人大都具有以下特点：

感性丰富，有着独特的审美能力，能够发现身边的每一处不同寻常的东西，感觉能力相当敏锐。

擅长沟通，能够体验到别人心灵深处的感情，目光深邃，又柔情似水，让人无法抗拒。

创造能力强，有灵感，敏锐，立场坚定，活泼中不乏幽默。

有幻想，不安于实际，能够激发人们内心深处美好的愿望。女人若是遇到他们，常常会一见钟情。

当然，尽管浪漫型性格的人能够制造美好的感觉，但是他们也有一些不容忽视的缺点。

对于这个女孩子，我的回答是："浪漫型性格的人像是一幅美丽的风景画，可以远观，但是如果你想获得全面的了解，还需要更近一些去观察他在生活中的细节表现。"

他们往往内向、情绪化，容易忧郁，追求独特的体验，占有欲望较强，兴趣强烈，但往往又转移很快。越是得不到的事物反而越想得到，当真正得到之后，又可能变得不再关注，缺乏维持的能力。如果得不到，又会情绪消沉，整个人陷入到这份情绪中。

言行举止有些戏剧化，内心脆弱，经受不住打击和批评。

自我封闭，容易产生独孤、无助的感觉，常常渲染在自己制造的痛苦当中，喜怒哀乐多变。可能刚才还是兴高采烈，过一会儿就是乌云满面。

较为情绪化，活在自己的情绪感受中，让人不了解。情绪高涨时，精力充沛，效率极高，情绪低落时，消沉且不易摆脱。

他们的生活飘忽，像一朵云。他们给人带来新奇感，但同时又可能是“空中楼阁”的制造者。

与浪漫型性格的人相处，要注意以下几方面：

用长时间的关注来增进了解

除非是有足够长的时间，否则是很难对一个人进行全面了解的。生活中我们常常被一个人所吸引，但是想真正地了解他（她），仅靠短时间的接触还不够。要多花些时间去了解，这样你会渐渐地透过最初的表面印象来全面了解。要知道，没有一个人是完美的，要了解一个人，不仅要了解他（她）的优点，也有缺点，最初的吸引会让我们只看到对方的一部分，却看不到全部。

不要为表面的允诺而失去判断力

生活中我们常常会被一些口头的允诺所迷惑，但是草率的允诺不足以维持一生的生活。生活中应该多观察对方对于承诺的兑现程度，尤其要观察他们对于陌生人是否能够保持尊重和理解，不要因为对方的一时的承诺失去判断力。

从生活中去观察他（她）

看他（她）对于亲人、朋友、同事以及工作等各方面的态度。一个有责任感的人，不仅仅对家人好，对于朋友也是注重承诺的，对于工作是认真负责的。很难想象一个对于工作不认真，对于同事、朋友不注重承诺的人，会有责任感，在生活中各方面去观察，就可以知道他（她）是否会有可以长久的可以信赖的表现。

不要害怕彼此间的矛盾

浪漫型性格的人往往是敏感的，对此，你可能不愿意直接批评和否定他（她）。回避问题，虽然可能带来一时的妥协，但可能造成长久的隐患，所以应该把你内心的想法说出来。

让你们塑造的“空中楼阁”回到地面上，这样才能够经营现实的生活氛围。浪漫的性格，还需要结合现实的生活，才能使幸福在生活中变得触手可及。

5. 自我束缚
——完美主义性格

生活中你是不是有这样的行为：

不停地检查自己的文件，看看有没有拼写错误，即使读了好几遍以后还是如此。

对工作过于认真，对自己有过于苛刻的要求，做事情的时候，不允许自己出一丝一毫的差错。

喜欢干净到了不厌其烦的程度。比如不停地擦桌子，反复地洗手；经常对自己的居室布置感到不满意，时常变动它们，桌面的物品务必归放整齐，不能有丝毫的凌乱。

临睡前总是担心有重要的事情没有做好，或者担忧明天要发生的事情，很久不能入睡。

出门前反复检查自己口袋，看东西带齐没有；走出家门又突然不能确定出发时是否把房门锁好，于是返回检查；忧心忡忡，总是怀疑自家的煤气或水龙头没有关掉，反复如此。

经常对自己或他人感到不满，不停地想：这件事怎样才可以做得更好。

……

➲ 让人烦恼的强迫症

完美主义者的最大特点是不能容忍任何缺陷，他们有一股难以遏制的冲动，要把事情做到让自己满意。为此，他们不惜花费大量的时间、金钱，仍然乐此不疲，但结果显而易见，这样的目标几乎是不可能实现的。他们因此陷入了深深的矛盾之中。

完美主义者不能容忍任何瑕疵，他们往往毫不犹豫地定下计划，义无反顾地去执行，但是，隔不了多久，又会感到身心憔悴。他们常常为了追求些许的改进，不断地重复做同一件事情，一旦停止，就会感到紧张，只有不断地重复这些动作、想法，不惜花费大量的时间和精力，只有这样才会感到放松。

他们为自己制定很高的标准，不断地给自己提出要求："一定要做到，一定要做得更好。"结果把自己搞得十分紧张和疲惫。这种感觉日积月累，使得他们整天生活在焦虑当中。

完美主义的人常常具有一定的欺骗性。他们对待工作是认真的，对待生活是严肃，常常给人留下一些好印象，比如勤奋、认真、有责任感等，但在内心里，他们却承受着神经紧张带来的困扰，拘谨、刻板、墨守成规，常伴有失眠、焦虑等情况。

据说，已故的苹果总裁乔布斯是一名完美主义者，用他自己的话来形容："总像有什么事情没有做完一样，如果稍微停一会，就会感到好像丢了什么东西，不管做什么，我都尽可能做到让自己满意，但我知道，我对自己太苛刻了。"

乔布斯用他的完美主义倾向给我们带来了让人爱不释手的苹果手机，但对于大多数人来说，可能就没这么幸运了。

人们都喜欢完美的事物，但是要记住一句古老的谚语："世界上并没有完美的事物。"

有一位先生，他对完美的追求已经到了超乎寻常的程度。

他外表古板、严谨，总是一脸不苟言笑的样子，大家都很怕他，都尽量躲着他。

他不仅对自己苛刻，对别人的要求也很高。在公司里他管理着一个部门，对别人的工作也是吹毛求疵，一点点小的不足都会遭到他严厉的批评。在别人眼里看来，他的许多指责其实是不必要的，但他自己却意识不到这一点，却坚持认为这是自己对工作认真负责的体现。

他的工作能力早就得到了大家的认可，但他仍然不满意，即使一点小小的不足，都能让他感到心情不快。他每天通宵达旦地伏案工作，只为了一点小小的改进。长期的紧张生活影响了他的身体健康，但他仍然乐此不疲。

他对家人也是十分的苛刻。要求家人务必遵守严格的规定和礼仪，比如在晚上十点钟之前必须休息，吃饭的时候不能发出声音，家里的衣服、物品必须摆放整齐，不能有丝毫的凌乱。

不过，在获得完美与效率的同时，他也背上了沉重的心理负担。家庭生活毫无生气，朋友们离他远去……

其实，每个人或多或少的都有一点完美主义倾向，但只要不影响到生活，就不必介意。不过，如果因为强迫心理变得精神紧张，行为古板，那就需要注意了。

那么，怎样改变自己的完美主义倾向呢？不妨从以下几点去尝试一下。

避免求全责备

从性格的角度来讲，凡事要求"十全十美"，爱钻牛角尖，刻板，不善于随机应变；固守原则，没有一丝通融性，缺乏生活情趣；对自己、对别人的要求都很高，总是感到不满意，等等。这些都是完美义的表现，也可以说完美主义者在用这些办法“自我束缚”。

水满则溢，弦满则断，过于苛求自己反而会把自己推到不利的境地，给自己套上沉重的精神枷锁。世界上不存在绝对的完美，要承认每个人都有犯错误的可能，给自己一些宽容的空间。抱着“谋事在人，成事在天”的态度，给自己定下合理的生活目标，反而会使你获得自然快乐的生活。

学会放松，要顺其自然

既然碗没洗干净，那就不干净的用吧；衣装不整，那是有个性的表现，换一个角度来思考问题，你会发现不完美其实也是一个不错的选择。当陷入强迫行为无法摆脱时，不妨试试顺其自然，“破罐子破摔”一下，反而会让你获得一种轻松的心态，心情更愉快。

要学会休闲

完美主义者大都生活单调，毫无乐趣，整天沉浸在让自己欲罢不能的一些小事里。这时，不妨试着换一种方式，让自己放松一下。好好睡一觉，做些休闲活动，到楼下散步十分钟，这些都有助于帮助你从紧张的心情里摆脱出来，获得轻松心态。还可培养一些爱好，比如听音乐、欣赏绘画、做些体育运动，也可以帮助你转移自己的注意力，摆脱强迫行为。

6. 缺乏面对现实的能力
——逃避型性格

一位年轻人，一直以逃避的态度生活在这个世界上，对于任何事情，都采取息事宁人的态度，似乎只有这样，才能够让他感到放心。

例如，平时走路的时候，尽量避免与别人的对视，因为他害怕与别人目光接触。

很少和别人交往。每次走进办公室的时候都会尽量低下头，以免被别人看到，因为不知道打招呼的时候该说什么；坐在办公室里，经常会想："今天我要做什么呢？但愿不要被人问到才好。"每天下班的时候都会感觉很庆幸：这一天终于可以平安度过，没遇到什么麻烦。

对生活和工作总是采取以和为贵的态度，工作中与别人有了分歧，也不敢争辩。尽管入职数年，但领导对他还是不太了解，对他仍没有更多的任用，几乎完全忽视了他。

喜欢美食，尤其喜欢吃四川菜，所以和一家四川菜的掌柜熟悉了。所以，每次在路上遇到这位掌柜时，掌柜见到都会笑着问："今天想吃什么？"这时他会感到很紧张，心想："他为什么要问这句话呢？我该怎么回答，如果回答不恰当该怎么办？唉，如果他没问就好了。"

回到家里，多数时间都是一个人闷着，最多就是上上网，和一些不认识的人聊天，似乎这能让他开心一些。

不过他是有内涵的，他的画画得很好，还懂音乐。他有一位可爱的女朋友，女朋友是欣赏他的，每次看到他的画，都不停地夸他。不过，渐渐的女朋友也会有不满，比如两个人去超市，他总是选一条远的路，问他为什么，他不说，问得多了，他才回答，是不想和路上碰到的熟悉的人打招呼。

女朋友渐渐地发现他在生活似乎总是在躲着什么，就很生气地说："你到底在躲什么呢？我希望你能更开朗快乐！"

如果具有以下特征，就属于逃避型性格：

- 敏感羞涩，因为害怕出丑，不敢在别人面前表现自己。
- 对于生活中的人际交往采取尽量回避的态度。
- 缺乏自信心。
- 担心别人不喜欢自己，很容易因他人的批评和否定而受到伤害。
- 不愿卷入到纷争之中。
- 不善于沟通，在社交场合总是缄默无语。
- 做自己不熟悉的事情的时候，总是夸大困难，害怕冒险。
- 除了至亲之外，很少有朋友或知心人。

在生活中，逃避型性格的人大都缺乏自信，怀疑自身价值。生活中的一些小事不如意时，会感到很委屈，感觉受到了较深的伤害。缺乏和别人交往的信心和勇气，要么回避和别人相处，要不就是无条件地接受别人意见，很少有深入地沟通。与周围人保持一定距离，缺乏深入的感情交流。

在爱情上，逃避型性格的人却往往很专一，对自己喜欢的人忠贞不渝，但因为本身交往能力不强，他们的感情往往不易被人发现，常常属于内心忧愁、不被人理解的"闷骚"类型。

家庭之外他们很少有亲密朋友和知己；不愿意出风头，害怕表露自己的内心感情；常会寻找一些借口，来躲避与别人的交流，有时情绪会大起大落。

他们不一定缺乏天赋，只是他们的天赋很少被人发现和了解。比如他们可能心思缜密，做事一丝不苟；常常会有一样别人所不了解的技能，比如厨艺、手工、维修，在画画、音乐上可能会有人意想不到的才能。

不过，如果想获得快乐，就需要融入生活，得到别人的认识和了解。逃避型性格的人可以从以下几个方面去调整和改变自己。

正确地评估自己

有人发现，越是性格内向、缺乏沟通意愿的人，往往自我评价越低，容易接受负面的信息。同样一件事情，比如上班迟到，忘带手机、钥匙这些在别人眼中时常发生的小事，在他们看来，却可能引起深深的自责，他们会把这些小事引申到对自己能力的否定上，认为是自己能力不够，才导致这样的事情发生。而且十分在意别人的评价，喜欢拿别人的长处与自己的短处比，这样越比越泄气，越比越自卑。

避免消极的自我暗示

逃避型性格的人往往容易有消极的自我暗示，常常会有这样的想法："我不行""我做不到""我还是不要尝试为好"……由于有这样的心理暗示，就会抑制自信心，增加紧张感，产生心理负担，心情自然不会好。这种结果又会形成一种消极的反馈作用，影响到以后的行为，这样恶性循环，使自责、逃避的行为进一步加重。

不要让挫折影响自己

有的人由于过于敏感，轻微的挫折就会给他们很大的打击，变得悲观而自卑。所以，生活中的挫折在所难免，关键在于以怎样的态度来应对，不要让挫折影响自己。爱因斯坦的小板凳做了三次才成功，爱迪生上千次的实验才发明了灯泡，不经历风雨，就不会有彩虹。这是你走向成功的一部分。

以开放的心态看待生活

不要使自己处于一种封闭式、隔离式的状态下。如果过于自我保护，就会使自己失去与别人交往的机会，失去了相互学习、交流，丰富自己和增长知识的机会。为此，要以一种开放豁达的态度来面对每一天，这样才能改变自己的生活。

7. 需要一些想象力
——务实型性格

刻板、枯燥、毫无乐趣，可以说是务实型性格的生动写照。

一位女士，最近和男朋友吵架了，她给我打电话说：与她的男朋友在一起毫无乐趣。

我的男朋友，用他自己的话说是认真、仔细、不擅长表达，但我觉得已经超出认真、仔细到了苛刻的程度了。与他认识两年，从来不会说亲密的话；从没给我买过什么我喜欢的东西；生日礼物、送花这些想都不要想。

前几天是我的生日，我就约他一起上街。其实，他从来都没问过我生日是哪一天，我也没告诉过他。逛街的时候，我对他说："你知道今天是什么日子吗？是我的生日！"他只是很平淡地回了一句："哦，是吗？你以前从来没对我说过啊。"连句生日快乐都没说。

我本来是希望他送我一些礼物，结果两个人闷闷地走了两个小时，两手空空地回来了。因为这事，我和他吵了一架。

他平时生活中总是谨小慎微，牙膏总要用到怎么挤也挤不出来的时候才扔掉；外出吃饭的时候总是拣最便宜的馆子；生活特别有规律，每天早上七点定时出门，晚上也总是按时回来；吃饭的时候话不多，问一句，答一句，偶尔在一起看电视，他只顾着自己看电视，只有很少的交流。

他的生活像时钟一样准确，准确得让人喘不过气来。几乎每一件事都是要有规律的，比如约会的时间，提前或者迟到都要提出意见；吃饭时碗该摆在什么位置，筷子该摆在什么位置，每次都要不厌其烦地告诉我。

两人谈了两年恋爱，很难得会说想我，偶尔有这样一句话，还要酝酿半天，"爱"这个字更是基本没说过；我出差回来发消息给他说很想他，他都是敷衍了事；到了结婚的年龄，暗示他是不是该搞个求婚仪式，他显得很惊讶："求婚仪式？"然后摇摇头说："那太可笑了，那有什么用，这样不是很好吗？"

他也有优点，工作很努力，做事情很认真，是公司的工作标兵，经常被嘉奖。能够把家里的事情处理得井井有条的。

两人的关系还算不错，平时对我很好，嘘寒问暖，照顾得很周到。生病的时候会忙前忙后照顾我；生活中的小事也会很仔细地关注。

不过，这样的生活让我感到很乏味。难道生活就是这个样子的吗？"

在我看来，她的男朋友就是务实型性格的代表。

务实型性格一般具有如下特征：

细致、严谨、认真、自律，喜欢规范明确、秩序井然的工作，偏爱条理性比较强的活动。

尊重权威和规章制度，喜欢按计划办事，习惯接受他人的指挥和领导，自己不谋求领导职务。喜欢关注实际和细节情况，通常较为谨慎小心，不喜欢冒险和竞争，富有自我牺牲精神。

有责任心、稳重踏实、有耐心，但缺乏变通，对新鲜事物缺乏好奇心。

常从事的工作如：秘书、办公室人员、记事员、程序员、会计、行政助理、图书馆管理员、出纳、打字员、投资分析员等。

务实型性格的人大都是稳重可靠、让人放心的，但在家庭生活方面可能会少一些情趣。

当然，情趣并不是天生的，后天也可以培养。试着用下面的办法去改变他（她）。

制造情趣

情趣是制造出来的。用一个含蓄的方式来激起他（她）的情趣，比如准备一次烛光晚餐，用摇曳的烛光代替平淡的日光灯，桌上摆上一束鲜花，牵起他（她）的手走向餐桌，情趣马上就建立起来了。很多人抱怨对方没有情趣，但实际上这可能是他（她）从没经历过这些而已。时时制造一些情趣，慢慢地他（她）就会理解你的心思，会按照你希望的去做。

制造亲密关系

心理学家认为，很多人缺乏情趣，生活太单调，是因为他们从小就生活在这样的环境中而已。比如父母比较严厉，与他们的沟通较少，很少与他们有身体接触。面对这种情况，可以“制造”亲密关系，来唤醒他（她）

对你的感情。比如紧紧地搂着他（她），让他（她）有一个温暖的依靠，按摩他（她）紧绷的肩膀，轻轻地一个拥抱能够融化一颗层层设防的心。每个人内心里都是渴望浪漫的，用身体接触的办法，可以唤醒这种意识。比如在他（她）需要的时候多关怀、安慰他（她）。人人都是需要别人关怀的，有了你的关怀，他（她）的浪漫意识就会被唤醒。

利用纪念日

纪念不一定非要有个特别的理由才行。不需要什么理由就可以把一个平常的日子变成纪念日，比如相识纪念日、生日、结婚纪念日等，让他（她）知道你是在意他（她）的，感情就可以增进。随时发挥想象力制造庆祝的理由，不管是雨雪天，还是刮风的天气，或是好不容易排了几小时才买到的礼物，都可以是浪漫一下的好理由。

满足他（她）的虚荣心

多鼓励他，激起他（她）的虚荣心，比如当他（她）烧了一顿饭，可以用夸张的口气赞美："真的很不错，味道很鲜美！"或者当对方穿上一件新衣服时，惊叹地说："真帅！（真美）"夸赞会激起他（她）的好胜心，让他（她）不再满足于平凡的生活。

意外的礼物

为他（她）煮一顿丰盛的晚餐，或是带他（她）一同去他（她）最喜欢的餐厅；送一个他（她）喜欢的打火机，或者巧克力，礼物不必珍贵，但必须时时有。一份礼物带来的惊喜往往超过十句关心的话语。

不要把他（她）丢在一边

当只有你们两个人相处的时候关掉电视、丢掉手机吧，即使就是一两个小时不妨也是很好的。不要一个人坐在电视机前或低头玩手机，对他（她）不理不睬，不妨一起看书、聊聊一天的趣事，坚持几次，你们之间的隔阂就会消失，改变就会发生，你们的生活也会变得更加富有情趣。

8. 不会表达的自我封闭者
——内向型性格

很多人都有内向型性格的困扰。

一位年轻人，他向我求助，他对我说他最大的苦恼就是性格特别内向，不知道怎样和别人相处。

在公司里，他的话是很少的，以至于别人常常忽略他的存在。有几次，公司领导要他组织公司里的一些活动，比如元旦联欢，或者周末一起出去郊游，因为他担心自己不善言辞，就拒绝了。因为这个原因，尽管他很努力，但仍然被领导忽视了，工作许久仍然得不到升职的机会。

同事组织聚会时，他内心是希望他们叫上自己的，但是又害怕去了以后不知道该说什么，所以就尽量都推掉了。到了周末，他最大的爱好就是在家里上网，常常是一整天坐在电脑前，饿了就叫外卖或者吃泡面。即使是和他相处很久的人，也不知道他每天都在搞什么。他一直以这样躲躲闪闪的状态生活着，在别人眼里，他是一个古怪的人。

他有一位心仪的女性朋友，两人交往还不错。两人一起去吃饭时，菜总是女朋友在点；两人聊天时，都是他听着对方说话，自己想找一些话题，很担心对方不感兴趣，又咽了回去；想向对方表达自己的爱意，但是话到嘴边，却怎么也说不出口；有一次女朋友对他不满地说："你就像一个闷罐子，如果我不说话，你就绝不会先开口，和你在一起，就像和一个木偶在一起。"

女朋友的评价让他很苦恼。其实他并不想这样，但为什么与别人相处就那么困难呢？

这位年轻人就是内向型性格的典型代表。

如果把我们的心理的能量比作是流淌的水，那么内向型性格的人就好比是在建一座水坝，不管水流来势多么汹涌，都用水坝挡回去，不让它外流；而外向型性格的人则是在挖沟开渠、引导水流，适时地把它们释放出去，这样就不会感到压抑。内向型性格的人总是把心理能量向内汇集、囤积，而外向性格的人则会把心理能量释放到周围环境中。

具体地说，对于内向型性格的人而言：

喜欢沉思反省，常常一个人苦思冥想而自得其乐；思想深刻，体验独特，不轻易发表自己的观点，但一发表，就会很有分量；做事三思而后行，深谋远虑，小心谨慎；善于观察和分析，观点深刻；坚定，有自制力，有耐心，但常常过于敏感；喜欢独处，不愿意与别人交往，多疑，害羞，容易被别人不经意的言语伤害；话不多，小心翼翼，生怕说错话，在人多的场合显得过于拘谨，容易羞怯，甚至会回避人多的场合；容易给人留下一种犹豫、迟疑，不易接近的印象；朋友很少，有时会显得很孤独；观点鲜明但缺乏变通，有时会显得固执己见。

与此相比，外向型性格的人则明显不同，他们表现得思维活跃，活泼开朗；不喜欢独处，总是喜欢往热闹的环境里钻，从不会感到寂寞；健谈，不怯场，落落大方，喜欢表达自己的观点；热情，有号召力，不拘小节；

兴趣广泛，好奇心重。

当然，有时也容易满足于表面的东西，缺乏全面的理解。

相比较而言，外向型的人一般会显得更健康活泼一些，内向型的人则因过于害羞、不善于交往，被人视作“闷罐子”一个。由于内心的压抑得不到疏导，因此内向型性格的人适应能力往往会差一些，但这只是表面现象而已，只要善于调整，内向型性格的人也可以打开心扉，变成一个积极、阳光、外向的人。

那么，内向型性格的人如何才能够摆脱孤独、封闭、缺少知心朋友的处境呢?

要改变内向的性格，就要主动结交可以相互依赖的朋友，倾诉自己的心情与感受。与人交往并不可怕，应该努力尝试着走出第一步，比如向别人微笑，主动与人打招呼，对别人的聚会邀请不再拒绝……这些都是新的开端，是新的生活的开始。

大胆表达

有些人因为害怕说错话而不敢发言，其实只要你是坦率、真诚的话，即使你说得不当，也会得到别人理解的。如果怕说错话，在说之前可以提前想一下自己要说什么、该如何表达，在平时多加练习，比如自己独处的时候大声朗读一下。总之，就是要大胆地说出来。

学会自我展露

有些人不知道该怎样迈出与别人打交道的第一步，这时不妨试一下自我展露。自我展露就是主动地与别人共享信息，分享自己内心的感受。比如在聊天的时候不介意说一些曾经让自己感到尴尬的事情、一些自己喜欢的笑话、自己现在的心情等，都可以帮助你架起与别人沟通的桥梁。让别人觉得你是一个容易亲近的人，可以消除隔阂，帮助你建立良好的人际关系。

要多一些宽容

对周围的人不要太苛刻。内向型性格的人有时会过于谨慎、挑剔，觉得身边的人毛病太多，不值得相处，结果，反而阻断了自己与他人沟通的渠道。仔细想想，在自己的身上不也有很多缺点吗？允许别人犯错误，容忍别人的缺点，别人也会以同样的方式对待你，这样沟通才会继续。

关怀他人，付出真情

如果你对别人付出关爱，那么也势必得到同样的回报。关心他人，别人自然会回报你，你会在彼此间的关怀中体验到人与人之间的真情，内向孤独的状况自然也会大大改善。

相信经过练习与调整，你的内向型性格一定会发生改变。

9. 需要一点勇气
——软弱型性格

性格太软弱怎么办？

有一次，一位女孩子给我打电话，在电话里，她气冲冲地对我说："我老公太软弱了，我该怎么办？"

她老公也是三十好几的人了，可是在生活中无欲无求，逆来顺受。在单位里，领导、同事都知道他是一个软柿子，开会的时候，谁都不倒水，都知道他会去倒；换桶装水的时候领导也会叫他："小李，去把水换一下。"平时工作做得也比别人多，但是奖金没见比别人多拿；和他一起进公司的同事都当了部门主任、主管什么的，他还是原来的职位，一点变化都没有。

她老公自己的事不放在心上，可是他七大姑八大姨的事可上心着呢，宁愿自己吃亏、麻烦，也要事无巨细替别人考虑。比如过节的时候到对方家里过年，亲戚朋友都知道他好说话，就求他很多事，一会让他出去买点东西，一会要他帮着看下孩子等。

据她的老公讲，因为是家里唯一的男孩子，从小到大，遇到困难或者受到欺负的时候，都是由父母或者姐姐出面，时间长了，潜移默化，就形成了退让、软弱的性格。

在这位女士看来，老公确实有一些优点，比如凡事都是考虑别人的感受，不忍心拒绝别人的要求，有同情心，能够理解别人，但就是性格有些软弱。

生活中，确实有些人遇到事情不会处理，甚至不懂得拒绝，形成缺乏主见的性格。

但另一方面，又可能情感丰富，心思细腻。软弱型性格的人也并不是一无是处，比如常常有较高的理解能力，对感情生活一般有较高的追求，有爱心，有同情心，可以结交到挚友；善解人意，能够体验到他人的苦恼，是别人倾诉的对象；谨慎，等等。

软弱型性格可以通过适当的调整加以改变，其中，最重要的就是要形成自己独立的观点和生活态度。

如何战胜软弱呢？心理学家提供了以下对策。

重塑性格

任何人都可以通过培养形成坚强的性格。软弱的人只是长久以来缺乏足够的自信，导致不敢在别人面前表现自己，不懂得合理提出自己的要求，只要重新培养自信心，认可自己，努力做到不热情奔放但有主见，不强词夺理但能坚持正确意见，就可以让性格发生变化。

坚持自己的看法

富兰克林 1951 年首先发现脱氧核糖核酸的螺旋结构，但因受到行业内的“学术强人”的责难，竟承认这个发现是错误的。后来，其他两位科学家在 1953 年重新发现这一结构，并因此获诺贝尔奖。

由于不敢坚持自己的观点，把自己在科学上划时代的发现拱手让人，是多么让人遗憾！战胜软弱的心理基础是相信自己，敢于坚持己见，尤其是在面对别人的质疑的时候，不要轻易地放弃自己的观点，做到有理有据，保持自己的独立性。

学会表达自己的意见

性格软弱的人往往害怕对方不接受自己，不敢表达自己的见解。但是，换一个角度来想，如果你不表达自己，怎么可能让别人认识和了解你呢？要学会表达自己的观点，摆事实，讲道理，一条一条地列出来，据理力争，久而久之，你会发现自己会变得善于表达了。

平时多练习

其实很多人觉得自己一张口就心慌，不敢表达，是因为练习太少所致。有一个成语——千锤百炼，就是说要反复地练习才能够达到目的。心理学也认为不断地练习可以让一个人变得更熟练，因而更自信。

比如，每天自己在家里，对着镜子表达自己的想法，一边说一边观察自己的表情。

和别人说话的时候，要敢于注视对方的眼睛，身体站直，挺起胸膛用洪亮的声音与对方讲话，久而久之，就会信心倍增。

如果害怕和别人接触，就要主动向对方问好，不要介意对方的惊讶。与人接触时主动寻找话题，如果你是男士可以讨论天气、体育比赛；女士则可以讨论服装、饮食等。

在很多时候，软弱只是一种长期以来形成的习惯而已。如果你能够坚持通过不断地练习强化自己的行为，你就会发现自己变得越来越坚强而有见解了。

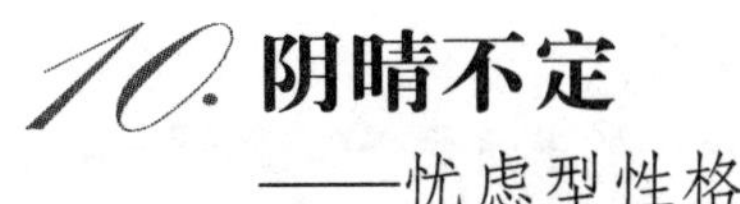

10. 阴晴不定
——忧虑型性格

忧虑型性格的人，对生活有一种不必要的担心，时常有一种惶恐的感觉，总是担心有意外的事情发生。

他们可能会疑神疑鬼。往往会有下面一些奇怪的想法：

- 明天下雨，我会不会生病?
- 我好像很笨，这件事我能做成功吗?
- 刚才那个人没有对我说话，他是不是不喜欢我?
- 明天这个世界不存在了怎么办?
- 现在我很快乐，可是我会一直这样下去吗?

……

他们有一种多愁善感的气质，常常会慨叹“落花流水”的无情，很容易因为一点小事激起夸大的联想。比一般人更为敏感，很容易紧张；很容易发脾气，会为一些小事不满、发脾气，有自责感；有风吹草动时，马上感觉如临大敌；有时会误解别人的好意等。

他们会认为人生充满不确定性。在面对生活的时候，常常显得缺少办法，犹豫不定、让人难以捉摸。

在和别人相处时，特别在意别人对自己的看法，有时会因为过于在意别人对自己的态度而显得有些神经质。

有一位女士，就是典型的忧虑型性格，她每天心惊胆战地生活，十分烦恼。

用她的话来说：总是忧心忡忡，会因为一些很小的事情变得心情不快乐。

有一段时间她身体很不舒服，去医院检查了很多次，但是都查不出什么问题。那段时间，她就怀疑自己是不是得了什么重病，但实际上并没有多大问题。因为总是忧心忡忡的，她经常失眠，觉得头很闷，心慌，特别紧张。她常常会担心明天下雨的时候自己会不会感冒，自己走路的时候会不会无缘无故摔倒。晚上躺在床上，总是担心窗户会不会被风吹开。每天被这样的烦恼缠着，让她总是心情沉闷，郁郁寡欢。

她的家庭也被她这样的性格搞得矛盾重重的。她的老公是公司部门经理，工作很忙，周末还要经常加班，她的老公也想通过加班多增加一些收入，以便补贴补家用。不过，她觉得老公总是加班，是有意疏远她的表现，甚至怀疑老公是不是喜欢上别人了。

对此，她会不断地追问老公是否真心爱她，如果她得到了想要的回答，就会十分满意，但是如果老公的回答稍微有些犹豫，她就会很不开心，甚至是发脾气，与他争吵。

她对亲密关系有一种异乎寻常的要求，只有老公不断地关注她，似乎这样才能够让她稍微感到平静，她的老公被她这样的性格折磨得很无奈。

忧虑型性格的人，性格中不安定的成分太多，他们的整个人生追求，似乎就在为得到某种形式的安全感而努力。由于在情绪、独立性、责任感、意志力等方面都缺乏良好的培养，使他们的性格几乎停留在不成熟的阶段，缺乏解决问题的能力。一遇到问题就会感到束手无策，很容易发脾气、生闷气，以一种不成熟的、甚至很幼稚的方式去解决问题，这样，他们就很难得到生活的幸福。

改变忧虑型性格的关键，在于克服内心的恐惧感，与他人建立信任感。

结交一些益友

很多人太害羞，不知道怎样和别人说话，一说话就紧张。生活中要有意地多与别人说话，锻炼自己的表达能力，克服羞怯的感觉，让自己变得大方、热情起来。当你能够自若地与别人谈笑时，焦虑的感觉也会减少很多。学会与别人沟通，结交一些益友，与别人分享自己的快乐与忧愁，你的心情就能轻松、自然，性格也会变得开朗起来。

增加信任感

有些人性格太孤僻，不知道怎样与别人相处，这种孤僻的性格又加重了他们对生活的不信任，这样，他们的内心越来越封闭，对别人的信任也建立不起来。只有提升与别人相处的能力，学会在与别人的相处中赢得朋友、获得关爱，这样，内心的不安全感才会逐渐减少了，焦虑的感觉也才会慢慢消除。

增加对自己的信心

心理学家做了一个很有意思的实验，他要求一群实验者在周日晚上把未来一星期所有烦恼的事情都写下来，然后投入一个箱子里。就这样过了一个星期，他在实验者面前打开这个箱子，逐一与实验者核对每一项“烦恼”，结果发现其中有九成烦恼并未真正发生。这个实验说明什么？它说明，我们的烦恼大部分都是自己想象出来的。

缺乏自信，在生活中往往会导致畏首畏尾，不敢采取行动。要对自己有信心，敢于行动，敢于表现自己，让别人认识自己，消除内心的不安全感。

坚定自己生活的目标

我们的忧虑往往来自于对自己的不信任和对前途缺乏明确的目标。当你发现自己无法平息自己内心的疑虑时，不妨为自己设定一个目标，并且努力实现它。比如告诉自己：“明天早上我一定要按时起床，并且跑步半个小时。”或者“明天我一定要戒烟一天。”又如“我明天一定要控制一次饮食，少吃一块甜饼。”

虽然只是小小的目标，但如果你能坚持，就会发现自己其实并不像自己想象中那么差，无可救药。尝试着从这样的小目标，一步一步地去改变自己，你会发现自己在不断进步，直到取得更大的成功。

当你内心的不安全感消除时，忧虑的状态就会得到改变，获得快乐幸福的人生。

11. 发现快乐
——领导型性格

在各种性格类型当中，领导型性格的人无疑是比较理想的。这种性格的人大都有着较为乐观的生活态度，目标坚定，行动果断，具有较强的与别人相处的能力，能够与别人相互理解和支持，能够建立和睦的人际关系。幸福感比一般人要强，在生活和事业上往往更容易成功。

领导型性格的名人很多，如林肯、华盛顿、里根、施瓦辛格、乔丹……值得一提的是，具有这种性格的人，往往并不是生来就是这种性格，他们中的多数人，都是在克服了自身的不足、甚至在经历了很多挫折之后，才形成了这样的性格。

著名的篮球运动员乔丹，在高中的时候因为身体素质不佳，被无情地开出篮球队。为此，他努力锻炼，提高自己的肌肉反应力量，终于入选了NBA。不过，在全明星赛时又受到队友的排挤，在迈入赛场的第二年，仅打了三场比赛就因为左脚骨折整个赛季报销。在球队里也得不到同伴的信任，以致他失去打球的动力。在经历了这些大大小小的挫折之后，他不但没有放弃，反而越挫越勇，更加坚定自己的信心，最终成为一位伟大的篮球运动员。

领导型性格的人，他们会觉得人生充满关怀与温暖，人与人之间是可以相互信赖的。他们的人生态度很积极，在他们看来，即使再难的事情，只要彼此信任，也可以做好。他们有这样的一种态度："这个世界是安全的，是可以控制的。我应该努力去实现自己的目标。"不像其他性格类型的人，一到陌生的环境里，就觉得到处都是敌人，适应能力和生存能力不够强。他们对于人生总是充满信心，超出一般人的想象。

他们往往具有下面一些突出的性格特点。

不会轻易向困难屈服

他们没有这样的缺点：害怕挑战，害怕风险，遇到一点挫折就无限的夸大，对到手的机会却视而不见；做事犹豫不决，错失良机；不敢追求成功却又羡慕别人的成功。

在困难面前从不轻易后退，使他们走向成功。

喜欢迎接挑战，证明自己

他们对自己有着清醒的认识，知道自己能做到什么，不能做到什么，能充分发挥自己的特长和潜力。在思维、情感、意志力等方面的潜力都会被最大限度地调动起来，全身心地投入到自己的事业当中，他的事业因此事半功倍，往往会取得惊人的成就。

目标明确

这种性格类型的人大都具有明确的生活目标。

古时候有一个人想练习射箭，于是他背上一袋子箭，到处走，见到什么飞禽走兽就拉弓射，但是，因为箭法不精，全都射偏了。他很失望，就去请教一个神箭手。神箭手什么都没说，只在墙壁上给他画了一个铜钱大小的圆圈，告诉他："你就朝着这个目标射，只要你能够把箭射到这个圆圈里，你的箭法就练好了。"他照着练习了一年，果然也成了神箭手。

有目标才能够有的放矢，行动果断，且坚持不懈。只有目标明确才能够使我们的行动持久。当然，有目标并不等于好高骛远，需根据自身的情况，量身订做一些小目标，以小目标的实现换取更大的目标的实现，才是正确的选择。

肯定自我

悲观的人心情低沉，郁郁寡欢。因为害怕别人瞧不起自己而不愿与别人来往，与人疏远，缺少朋友；无来由地内疚、自责；他们心灵太过脆弱，轻微的撞击就会被他们认为是对自己的侮辱。在这样的心态的驱使下，要想成功谈何容易。与此相反，性格积极的人能够克服自卑心理，肯定自我。

他们对自己抱有信心，相信自己通过努力可以实现目标，绝不产生怀疑。他们深信自己的价值，相信“天生我才必有用”。经历同样的事情，性格消极的人看到的是事情消极的一面，而积极性格的人看到的是事情的积极的一面。

自我反思

性格积极的人能够以客观的态度面对现实，失败了也不感到前途尽毁，不会自暴自弃，能够以平静的态度接受失败，反思自己，然后找到改进的办法。这样，当别人还在唉声叹气的时候，他们却已经吸取了教训，打点行装，重新上路了。

做事有计划性

从不盲目行动，懂得计划生活，既全身心的投入到生活与事业中，又不会把自己搞得身心俱疲，使自己失去持续努力的能力。懂得循序渐进的道理，能够坚持下去，持之以恒。

换个角度来说，能够拥有健康完善的性格固然是好，但在生活中拥有这样完美性格的人是相当少见的，对于多数人而言，性格都存在着种种缺点。也许我们性格中存在着很多不足，但不该因此而感到沮丧，实际上，后天的努力可以改变我们自身，让我们变得积极、健康、快乐。追求幸福是我们每一个人的目标，只要沿着这个目标努力，我们就能活出更好的自己。

第二章　坏心情是魔鬼

——不要输在你的坏情绪上

1. 不受操控的自己
——学会情绪管理

有这样一个关于情绪管理的故事。

有一天，美国陆军部长斯坦顿来到林肯那里，气呼呼地对他说：“有人说我做事不公平，偏袒一些人，还无缘无故地把我骂了一顿，但实际上我从来没这么做过，这真是让我太气愤了，您说我该怎么办？”

林肯听了之后，建议他说：“你可以写一封信，狠狠地骂他一顿。把你想说的话都写在上面，回敬那家伙。”

斯坦顿立刻写了一封措辞强硬的信，把自己一肚子的怒火都发泄在信里，然后拿给林肯看。

“不错！”林肯看到后大声说，“要的就是这个，好好训他一顿。”

但是，当斯坦顿把信叠好装进信封，想寄出去时，却被林肯拦住了，林肯问：“你要做什么？”

“寄出去呀。”斯坦顿对林肯的劝阻有些迷惑不解。

“不要胡闹。”林肯说，“这封信不能发，快把它扔到炉子里烧掉。”

“为什么？”斯坦顿更迷惑了。

“这封信写得很好，它消解了你的气，但不该把它寄出去。如果你现在心情还是不好，那么就再写第二封信吧。凡是生气时写的信，我都是这么处理的。”

心理学家认为：坏心情会破坏一个人思维、情感等方面的功能。当一个人被坏心情控制的时候，他整个的神经乃至肌肉都会受到影响。这时，如果不把坏心情释放出来，就会让心情紧张、压抑、失眠等，使行为变得失常、不可理喻。所以，当你被坏心情控制时，正确的做法并不是压抑自己，而是把它们“疏导”出来。

当还是孩子的时候，我们会因为开心而哈哈大笑，也会因为悲伤而哭泣不止，随意地宣泄心中的情感。但随着年龄的增长，你可能会羞于表达自己的情感，怕别人会笑话自己不稳重，怕别人说这不是一个成年人应该有的表现。其实，遇到不愉快的事情，就会产生本能的情绪反应，这时正确的做法是把它们释放出来。

就像高处的重物会自动产生“势能”一样，过度压抑的情感也会带来心理上的负担，心理学里称之为“情感势能”，当其蕴藏量超过一定限度时，就会造成心情失控，对身心健康产生不利的影响。中医认为，积怒伤心，积气伤肺，积忧伤肝。恰当地调整自己，在气闷难受、心灵受到创伤时，把“势能”释放出来，恰当地释放自己，会让我们的生活五彩缤纷，再次充满激情与活力。

所以，不要回避自己的感受，释放自己并不是一件丢人的事，人也因为有情绪而可爱。

学会情绪管理就是要学会对自身的情绪进行恰当的疏导，把不好的情绪释放出去，让积极、快乐的情绪充填自己。

那么，怎样才是正确地管理自己的情绪呢?

情绪管理主要有以下几个步骤：觉察与认知、引导与表达。

觉察就是要发现自己的情绪。当发现自己有一些异样的情绪，比如愤怒、焦虑、忧愁等时，马上提醒自己要小心了。因为下一步，这些情绪很可能会蔓延，直到失控的程度。

认知到自己当前的状态

各种负面情绪都可能引起消极的后果，比如愤怒、焦虑、忧愁等。愤怒会让人失控，焦虑会让人紧张，忧愁会让人失去信心。有的人在公司里，控制不住自己的脾气，和领导吵架了。争吵不能解决问题，只会让你在公司里更难与别人相处。认识到自己正处于愤怒的边缘，情绪就会有所缓和。如果你能适时意识到自己正处于怎样的情绪中，情况就会发生变化。

处于不良情绪状态时一定不要盲目采取行动。你可能已经有些冲动，大脑开始变得有些不听使唤了，这时一定要提醒自己："我快要控制不住自己了"，盲目行动可能会带来灾难性的后果。提醒自己，让自己意识到自己现在正处于即将失控的时刻。

适时引导和释放

比如你想发脾气时，如果不把这股情绪释放出来，会感觉很不舒服，但是你又不想把它释放到别人头上，怎么办？可以选择一个正确的方式去释放自己，比如可以找个地方大喊几声，或者找个地方痛快哭一场。

释放自己的办法有很多，可以在散步的时候，在轻轻的脚步声中把它释放出去；也可以找一处幽静的地方，在静静地体味美丽的风景时释放出去；也可以高歌一曲，让压抑的情感随着歌声释放出去；还可以找一个知己来倾诉，必要的时候，还可以痛哭一场，让友情来安抚你的伤痛的心……与别人分享快乐，你的快乐就成了两个；与别人分担痛苦，那么你的痛苦就减轻了一半。

用合理的方式去解决问题

当你平静下来之后，问题还没有解决怎么办？比如，你无法和别人达成共识，甚至为此发生了争执，那么，可以找一个适合的时间向对方清楚表达自己的想法，看看有没有办法让双方都满意。平静下来之后，用合理的方式去解决问题，是避免情绪化的最好办法。

学会情绪管理，就是时刻调整你的情绪，避免心情如“过山车”一样起伏跌宕。在你的心情快要变成“洪水猛兽”时，既不是一下子倾倒出来，也不是憋闷在心里，而是如“涓涓细流”般释放出去，尽量避免对别人发脾气，这样可以避免陷入坏情绪的漩涡中无法自拔。

2. 每天笑三次
——爱笑的人更有魅力

快乐是可以“传染”的，你越是表现得快乐，你和你周围的人就会越快乐。生活中我们应该尽量地让自己表现出开心、快乐的一面。

一位公司里的业务骨干，每天有很多事情要做，特别忙。不过，最近一段时间以来他遇到了很多不开心的事，他的母亲生病了，经常感到头晕眼花，站立不稳，需要卧床休息；父亲的身体一直就不好；妻子是护士，经常要加班，还要上夜班，能帮得上的很少，这样，家里的事情全靠他一个人照应。每天跑前跑后的，这样忙了很久，把他搞得身心疲惫，很久都没有笑过了。有一天，他接到了一个电话，是多年以前的一个老朋友打来的。电话一打通，老朋友就用惊喜的声音称呼他，并且关切地问：“这些年你都跑到哪去了？一直没你的消息。”和他嘘寒问暖，回忆了许多过去的经历，说了很多最近发生的新鲜事，听着老朋友欣喜的声音，他一段时间以后的疲惫似乎都消失了，心情一下好了很多。

➲ 快乐可以相互“传染”

快乐的心情可以从一个人那里传递到另外一个人那里。

有这样一个很有意思的实验，心理学家在一所学校的广告板上贴出广告，广告上写着：“今晚在礼堂有晚会，欢迎前去观赏。”在演出开始之前，心理学家找了很多人提前坐在礼堂里，不过这些人并不是观众，而是心理学家安排的实验员。心理学家要这些实验员在观众到来时统一做出各种表情，比如表现得愁眉不展，或者兴高采烈。然后观察随后到来的人们的反应。

结果会怎样？

结果，随后来的人，看到先前坐在这里的人们的表情，受到了明显的感染，如果先前坐在这里的那些人是愁眉不展的，他们也跟着小心翼翼，好像有什么不愉快的事情发生了一样；如果坐在这里的人是兴高采烈的，他们也会变得兴趣十足，高谈阔论。

可见，人的心情是多么容易受到别人的影响。

情绪是可以相互传递的。

曾经遇到一位先生，他有三十多岁，他对我说，“我在公司里特别孤立，每天到公司里我都紧张得要命，好像到了敌占区，同事们很少和我说话，我不知道他们为什么对我那么冷淡，每次和他们说话的时候我都很紧张。其实我是很想和他们接触的，但是不知道为什么，当我想去和他们沟通的时候，他们对我总是不理不睬，敬而远之，搞得我很苦恼。”

那么，他的问题出在哪里？

经过观察我发现，他的情绪类型属于紧张型，经常表现得很拘谨，看上去一本正经、十分严肃的样子，与别人在一起的时候，他也总是这副表情。结果，他的情绪在无意间传染给别人了，别人看到他严肃的样子，到嘴边的问候语也给“吓”回去了。就这样，他的朋友越来越少，他还不知道原因在哪里。

好心情是可以“传染”的。谁都喜欢和阳光、积极、快乐的人在一起，看到愁眉苦脸的人会退避三舍，是因为和后者在一起我们很容易心情也变坏。

在生活中，我们应该多把积极的信息传递给别人，你的快乐传递给他们，他们也会以同样的方式对待你。

传递积极的信息

现在有一个很流行的词，叫“正能量”，正能量是什么意思呢？简单地说，就是要传递积极的信息。我们都不是孤立存在的，人与人之间会相互影响，这种影响往往就是在不经意之间发生的。比如一个微笑，一次充满善意的鼓励，一句简单的问候语等都是在传递正能量，把你内心的快乐在不知不觉中传递给别人，对你、对别人都会带来正面积极的影响。传递积极的信息，就是要在生活中表现得自信、快光、开朗等，这些都是在传递积极的信息，它会使你赢得更多的信任，得到更多的朋友。

保持宽容大度的胸怀

保持宽容大度的胸怀很重要。很多人容易因为一点小事生气，遇到一点不好的事情就能不开心很久，不仅自己内心不快乐，还会把别人也“吓”走。要让自己有一颗宽容的心，大度地看待生活中的事情，这样你的朋友会变多，你的心情也会变好。

自信、乐观的心态

肯定自己，保持信心。我们都喜欢名人和成功人士，如政治家、企业家、优秀的运动员、学者等，就在于他们始终能够保持积极乐观的心态，让我们也倍受鼓励。自信的人有一种天然的感染力，生活中我们也应该表现得同样自信，让别人看到自己积极向上的一面。

多鼓励别人

生活的道路难保一帆风顺，或多或少都会有困惑、会有失败，会有伤心难过的事情，这个时候要给自己鼓励，也给他人鼓励。不管遇到什么难题，这就是我们的人生，无论喜忧，无论何种滋味，都能使我们得到成长。

鼓励自己的同时多激励他人，传递积极的信息，让你周围的人因为时刻受到激励而充满勇气，你的心态也会变得更阳光。

记住一点：生活就像一面镜子，你对它微笑，它便也对你微笑，你对它做出怒目的表情，它也对你冷眼相对。

3. 少发脾气
——避免情绪化

毫无疑问，坏心情是魔鬼，不仅破坏了自己的生活，还会让身边的人对你退避三舍。

一位年轻的女孩子，是出了名的坏脾气。她很苦恼地对我说："我特别爱发脾气，一发脾气就控制不了自己，经常会摔东西，冲着别人大吵。我觉得自己就好像是个巫婆，再这样下去没有人会喜欢我了。

最近我又和男朋友吵架了。其实只是一点点的小事，就是因为说好见面的时间，他迟到了几分钟，然后我就发脾气了。我对他狠狠地吼了几声，还把一杯水泼在他的身上。我有些后悔，因为他可能是因为塞车来晚了，现在回想起来我不该那么做，可是当时我真的控制不住自己。

生活中男朋友对我挺好的，比如我对新买的手机不太满意，他知道以后重新给我买了一部我喜欢的，让我很感动。

每个月发了工资，他一定会送我各种护肤品、小礼物。我了解他对我的好，也很感激他。但是我这个人脾气不太好，来不来就跟他发脾气，经常因为一点小事生闷气，连我自己也不知道气从哪里来的，他觉得我老这样跟他发脾气，是不够爱他的表现。

我怎么会有这样的坏脾气，我也搞不懂自己。我该怎么解决这个问题？”

巴尔扎克说过：“感情冲动，可以说是一种既甜蜜又痛苦的错误。”

想想你是不是有感情冲动的时候，坏脾气一上来，什么都忘在脑后，只想着一时的畅快，之后的事情丝毫没有。

你生活中是不是时常有这样的情况：

- 莫名其妙地对别人发脾气。
- 体会不到别人的好意，对别人横加指责。
- 心情很坏，长时间不能平静。
- 一个人生闷气，很久都不能消除。
- 惩罚自己，比如拼命吸烟、喝酒，或者拼命买东西。
- 做事莽撞，不考虑后果。
- 常常冲动到不知道自己在干什么。

……

为什么会发生这些情况？

这是因为，情绪是不受我们的理智控制的。情绪与理智都是我们心理世界的一部分。它们虽然彼此影响，却又是相互独立的。英国女作家简·奥斯丁写了一部很有名的小说叫《理智与情感》，在这部小说里，她着意刻画了两姐妹，姐姐埃莉诺善于用理智控制情感；妹妹玛丽安却爱憎分明。在面对爱情时，她们做出了不同的反应，姐姐含蓄节制，妹妹轰轰烈烈，最后，这部小说用喜剧的方式告诉我们，生活要有理智，不然就会失控。

情绪是我们生活的一部分。生活中我们常常会有不如意的事，工作不顺利、朋友不理解你、家人忽视了你……这时，坏心情就会产生，在坏心情的影响下，我们可能会像是一辆失控的汽车，到处乱撞。每个人身上都有冲动、不容易控制住自己的那一面，但是如果想快乐地生活，就要学会控制自己。

如何把握自己的情绪，不让坏心情控制自己，使自己表现出快乐、积极、阳光的那一面？可以试着从下面几个方面入手。

你要承认你有不快乐的那一面

很多人对我说："每到我心情不好的时候，我都尽量控制自己，不让它表现出来，但我发现越是这样做，就越是心情低落。"我们要承认，坏心情是生活的一部分，不能简单地对它视而不见，一味地假装它不存在，或者只想克制它，不让它表现出来，都只能让自己的心情更糟。因为无论你怎样假装它不存在，它都不会因为你的忽视而消失。承认你的心情"不好"，是使坏心情消失的第一步。

多给自己一点时间

坏心情如一股洪水，越是着急去克制它，它就越是会强力反弹。我国古代的夏朝的开国皇帝大禹用"疏导法"治理水患，同理对待坏心情，也只能用疏导的办法，让它慢慢地宣泄出去。比如，在你感到自己坏情绪要爆发的时候，要告诉自己："我不必压抑自己，但我需要慢慢地释放出来。"不要小看这片刻的延迟，它能在很大的程度上让你把自己的情绪释放出来恢复理智。理智的丧失只是一瞬间的事，但结果却可能是灾难性的，稍微冷静一下，你就明白了自己到底该怎么做了。

换个环境，远离纷扰

如果你感到心情很坏，不妨在第一时间换个环境。当你和别人发生争吵时，感到有些控制不住自己了，想发火，但实际上只是很小的一件事，是可以退一步就海阔天空的，根本不必要搞得惊天动地，这时不妨到走廊走几步；或者到另外一个房间去，去喝点水；或者到窗边看看窗外的风景……尽管只是一个小小的改变，却能够让你的注意力得到转移，然后你就会恢复理智，不再只想着发脾气。生活中我们需要这种变通的办法，不要一条路走到黑，那对于改变自己毫无用处。

换一个角度去看生活

生活中不如意的事情太多，比如早上上班迟到、被老板责备、和亲人之间因为缺乏沟通等，都可能会让我们的心情很坏。不过，既然生活中不如意的事情这么多，我们是不是可以以一种轻松的方式对待它呢？既然生活本来就是如此，何必一定要强迫自己每天严阵以待呢？放松一点，迎接生活的不完美，或许你的心情就会发生改变。

记住一点，坏心情是魔鬼，引导自己，释放自己，让自己回到积极乐观的轨道上来，这样才能够获得健康快乐的生活。

4. 大胆地倾诉
——释放你的烦恼

心情不好的时候怎么办？不妨向别人诉说吧。

倾诉很重要，因为我们都是社会性的动物，与别人相处是我们自然的需要。

心理学家发现，喜欢倾诉的人，往往心情快乐，开朗大方。相反，如果有什么事情都是自己埋在心里，则容易心理压力过大，使内分泌失调，导致皮肤干燥松弛、失去光泽，还可能出现失眠、过敏等多种健康问题。

心理学家因此建议用倾诉的办法来消除紧张，缓解心理压力。

实际上，越是不喜欢把内心敞开、把秘密隐藏在心里的人，得抑郁症的可能性越大。当你与别人互诉心中烦恼时，不仅仅是心情的放松，还可以得到理解与支持，释放压力，身体的紧张得到缓和，心理学家认为这相当于做了一次精神保健。

我的一位朋友最近在生活中遇到了麻烦，他很气馁地找我大吐苦水。他刚刚调动了工作，来到了新的工作单位，初来乍到，很多工作不知该如何入手，一时压力很大。与此同时，因为与同事相互不熟悉，一不小心还得罪了几个人，那几个同事认为他的到来抢占了他们的机会，不配合他工作，让他的工作很难开展。事业上不顺利，生活中也出现了问题。他与妻子因为家庭中的一些小事出现了矛盾。他的父母从家乡来到他家做客，父母有一些自己的生活习惯，比如早睡早起、晚上不看那么久的电视，但这与妻子的习惯发生了冲突。妻子认为长辈的生活约束了自己，让她无法忍受。

听他垂头直气地说了很久之后，我发现他的情绪好像改变了很多。我问他：“你现在是否感觉不太一样？”他想了想，很惊讶地说：“好像是啊！这是怎么回事呢？”

实际上尽管只是一次不经意的倾诉，却让他内心的情绪释放了很多。

倾诉对于维护我们的心理平衡很重要，它可以打开我们内心的症结，分享自己的心情，让身心重归平衡。

但是，并不是任何一次倾诉都是受人欢迎的。生活中别人可能很忙，没有时间听你诉说，或者他自己就心情不好没心情听你诉说。尤其是在如今竞争激烈的生活中，相互倾诉更是一件不易做到的事情。

很多时候，我们都在寻找可以倾诉的人。有些话憋在心里会崩溃，需要说出口；压力扛在肩上，需要分担，找一个能够分享的伙伴，相互依靠，快乐相互分享，忧愁相互分担。发泄自己苦闷的情绪，对自己的身心是大有益处的，可以说，倾诉是我们自然的需要，那么，怎样做一个受欢迎的倾诉者呢？

当你有心事想对别人一吐为快时，建议注意以下几点：

最好能找一位有共同经历和体验的朋友作为倾诉对象。

假如你最近和太太（先生）因为家里的纷争而搞得心情不愉快，那么建议你找一位有着相似经历的人倾诉，因为你们有着共同的经历，从他（她）身上可以得到有用的建议和安慰。但是如果你寻找的不是一位有着类似经历的长者，他们反而可能会对你的经历感到诧异，因为他们很难理解你，要知道，对于一件事情，不同的人可能会有不同的看法，经验丰富、经历相似的人才能对你有帮助。

选择对方最闲的时间、合适的地点

你正心情不快，很希望与别人沟通，但是正好你希望沟通的人很忙，那么他们很可能会表现出不耐烦，选择合适的时间、地点很重要。我们大都有过夜晚正在休息的时候，被突如其来的电话惊醒的情况，这个时候是很难有耐心的。

不要在办公室里向别人诉说自己的家事，不要在聚会的场合上谈公务，因为在这些的场合，人们的心思并不在你希望谈的事情上。选一个双方都很清闲的时候，如在晚上一起吃饭的时候，就是不错的选择。

看对方的反应

有的人可能对你的倾诉并不感兴趣，这时应该适可而止。烦恼之事可能较多，比如夫妻关系、婆媳关系、上下级关系、与同事的不快，工作中的烦恼，生活中遇到的麻烦，等等，如果你倾诉的人对这些话题并不感兴趣，那么请注意应该早点收手。看对方的反应，找到真正适合你、可以倾听你话语的人。

切忌随意说出隐私

有的人不分对象，随便遇到一个人就会说很久，这样不但得不到安慰，反而可能被误解。如果你的倾诉中包含着一些不宜被别人知道的隐私，那么不要随随便便遇到一个人就去说，选择一个合适的、可以信赖的人倾诉，在得到安慰的同时，又能帮助你保守秘密。

不要太好争论

倾诉的时候要考虑对方的感受，毕竟你与别人有着不同的生活经历，有些事情是很难做到有共同的观点的。比如对于家庭纠纷，你可能认为自己是很有道理的，但别人可能会从另外的角度给你建议。当你发现彼此的想法不同的时候，不要与对方争执，更不可用严厉的口气、或不满意的方式说话。其实，我们要的只是倾诉的这个过程，却并不一定在意结果。

不管怎样，倾诉是必要的，倾诉对于维系我们内心的平衡有着重要的作用。

要记住一点，每个人都有倾诉的需要，我们需要与别人一起分享内心的感受，包括快乐，也包括不快乐。倾诉，会帮助你重新获得内心的平衡。

5. 不一样的情绪色彩
——色彩影响心情

情绪和色彩有关系吗？答案是肯定的。

从心理学和生理学的角度讲，色彩是一定波长的光影响我们的视觉细胞，进而影响我们的神经和大脑中枢，从而产生不同的感觉和情绪体验。

不同的色彩会激起不同的情绪体验。

国外有的学者做过实验，结果发现人在蓝色的房间里脉搏跳动会减慢一些；在红颜色的房间里脉搏跳动会明显加快；在黄色的环境里，人更爱撒谎；在紫色光的照射下，人会变得更敏感多情。这都表明人的情绪与色彩是有关系的。

不同的色彩与人的性格、情绪的关系是：

喜欢红色的人

热情奔放，个性坚强，积极豁达。活泼，感情丰富，性格外向。总是准备争论或保持进攻意识。说话做事快，而不假思索。

精力旺盛，总是有着使不完的力气去满足自己的好奇心和愿望。充满进取心，会感染周围的朋友。但是，可能会缺乏耐性，常常稍微不顺自己的意，就会生气。不过天生乐观，并不会因为挫折而闷闷不乐。喜欢迁怒别人，不过很快又会言归于好。渴望感情，但可能会因为不太理解对方，而容易遭受挫折。

喜欢蓝色的人

镇定自若，喜欢宁静，善于控制感情，很有责任心。富有见识，判断力强。胸怀宽广，性格内向。

总是保持足够的理性，即使面对困境也常常临危不乱，在起冲突时总是默默将事情化解。含蓄，保守，绝对地坚持己见，对旁人的意见缺乏采纳的雅量，所以与人意见相左时，虽然表面上没显露出任何的不悦，但心里其实很介意。不太擅长与人交往，生活上有些保守，感情上往往有着自己的目标，但因为太过苛求而难以实现。

喜欢紫色的人

多愁善感，焦虑不安。内心矛盾冲突比较多，且不擅于排解。

偏好于紫色的人往往有艺术家气质，内心丰富，善于观察、善于表达，有着充分的想象力，理解力强。有鲜明的个性，追求特立独行。在公开场合中喜欢保持沉默，但并不缺乏见解。有时会说一些尖锐的、让人无法理解的话，让人感到不可思议。

喜欢绿色的人

性情平和，善于克制自己。乐观豁达，不喜怒形于色，很少有焦虑不安或忧愁之感。

喜欢追求和平。生活中追求美好，善于与别人交往，总是怀有一颗同情心，喜欢群体生活。与周围的人保持和睦的关系，给人亲切温和的印象。不过，因为对每个人的态度都差不多，所以有时候也容易让人误会，认为他们本质上对谁都不在乎。

喜欢黄色的人

积极、努力，性格外向，精力充沛，做事潇洒自如，有进取心。略带一些神经质。

总是保持一种心情愉快的状态。追求独立和自主，不愿意受制于别人。有崇高的生活目标，兴趣广泛，不过，虽然有目标，但往往坚持不够，浅尝辄止。人际关系方面有时候处理得不太好，有时候会刻意回避感情。内心时有孤独感，让人感到他们是不好接近的。

喜欢黑色的人

坚定、有耐心，不擅言谈。从不把情绪溢于言表，回避过深的友谊。

控制欲较强，喜欢对别人发号施令。个性严谨，讲究原则，守纪律，不过，因为太讲原则，有时会让人觉得有些不近人情。性格坦率、认真，给人一种信赖感。

喜欢橙色的人

有朝气，精力充沛。随和，很容易与别人相处。

竞争心强，从不认输。个性鲜明，不压抑自己，喜怒哀乐表现得都很明显。注意力集中，做事效率高。善于表达，善于调动气氛，只要有他们在，气氛往往就会很热烈。感情充沛，但往往并不坚定，不容易坚持下去，常常陷在感情冲突里难以摆脱。

男性往往喜欢或者庄重，或者热烈的色彩，比如黑色、红色、蓝色，而女性则往往喜欢细腻的色彩，比如紫色、黄色、绿色等。

不同的人对颜色的喜好差别会很大。

在生活中，当我们了解了自己喜欢的色彩与相应的情绪特征之后，可以有意地调整自己。比如可以根据你喜好的色彩来布置自己的房间，让自己的房间变得更赏心悦目；疲惫的时候可以到绿色的大自然里放松放松，绿色可以舒缓情绪，消除疲劳；工作的时候可以选择简洁明快的色彩环境，比如白色、黄色；在约会的时候可以选择蓝色、紫色等富有情调的色彩环境。有针对性地选择色彩，可以达到调整生活、改变心情的目的。

6. 不要太敏感
——消除紧张情绪

有的人属于紧张型的情绪类型，很容易因为一点小事惊慌失措、反应过度。

一位年轻人，从事销售工作，他对我说：

我属于那种特别容易紧张的人，用一个词来形容：草木皆兵。哪怕是跟别人说句话，我的心情都是很忐忑的。我做销售工作，需要经常和别人打交道，这种紧张的情绪给我带来了很多烦恼。比如跟客户谈生意的时候我总是很着急，生怕客户听不明白我的话，所以每次讲话的时候都是不自觉地加快语速，说完了一句话还反复地解释，经常把客户搞得表情怪怪的。平时我特别在意别人的脸色，说话的时候总是留心对方的表情，如果对方稍有皱眉，或者不耐烦的情况，我就觉得是他们对我的话没兴趣了。

新年的时候公司里组织联欢会，我上台表演节目，台词提前背了很多次了，但是一到台上，大脑突然变得一片空白，手脚似乎都不听使唤了，台下的人还以为我在表演喜剧。

女朋友说我有点神经质，比如看电视吧，同样一部电视剧，她看得哈哈大笑，我却看得愁眉苦脸。她说："这个人明明很快乐嘛"，我却愁眉苦脸地说："不会的，他马上就要遇到麻烦了。"

这种情绪对我的生活也产生了不小的影响。前一段时间，因为我工作不错，领导准备提拔我，让我做一个部门的负责人。在提拔的时候，让我做一个发言，谈一下自己对将来工作的打算。本来我是想得很好的，可是当我坐在讲台前，看见坐在台下的同事们，话就说不出来了，好像有什么卡在喉咙里一样。结果，领导很不满意，一段时间以来的努力白费了。

我知道这样不好，平时也是很认真的一个人，怎么一到关键是刻就控制不住自己呢。我该怎么办？

这位年轻人就是敏感型情绪类型，因为性格中有容易紧张和焦虑的成分，导致常常被紧张情绪所困扰，无法摆脱。

易紧张的人还可能以有以下的表现：

运动、走路和吃饭的速度很快。

缺乏耐心，说话急促，容易打断别人。常常会觉得急不可耐，事情进展稍慢就会不耐烦。

总是试图同时做两件以上的事情。

无法享受休闲时光，闲着的时候就会感觉缺少一些什么。

着迷于琐事，喜欢钻牛角尖。

具有较强的竞争性：在工作上、家庭里，甚至在玩游戏的时候都抱有竞争的态度，身边的人很难有喘息的机会。

对成功有着强烈的渴望，厌恶失败。

生活中常常表现出让人费解的行为，比如一次次不停地按电梯按钮，不断地看手表，等等。

心理学家认为，适度的紧张是一种有效的反应方式，是应对生活和压力的一种准备。有了这种准备，就可调动自己的身体和心理的能量，做出正确的反应，因此紧张并不全是坏事。不过，持续的紧张状态，会严重扰乱身体和心理的平衡，影响生活不说，还会导致失眠等疾病，所以我们应该学会消除紧张状态。

可以用以下办法缓解紧张：

有效转移

当你发现自己十分紧张时，不妨试着转移一下自己的注意力。比如有的人一到当众发言的时候就感到十分紧张，这时，可以试着把目光投向一些无关紧要的事物上，如窗台上的一盆花、墙壁上的一幅画、窗外的风景等。越是觉得别人在注意你，就会越紧张，把注意力转移到别处，能够很好地削减紧张情绪。

提前计划，平时多练习

很多时候我们感到紧张，缺乏信心，是因为事先准备得不够周密。养成做计划的习惯，提前做好计划，知道自己在一定时间内该做哪些事情，甚至把你要做的事情预演一遍，你会发现自己会变得更有条理，胸有成竹。

很多时候，我们感到紧张，是因为准备还不够周密所致。比如有的人很少当众发言，一到发言的时候就会感到压力特别大，很容易失常。如果这样，可以在平时多注意练习，没事的时候试着自己大声讲话，把自己要讲的内容提前讲熟了；在与别人相处的时候主动把自己的想法说出来，都能够提高自己的表达能力，有效地消除紧张情绪。在当众发言时，如果发现自己特别紧张，可以先深吸一口气，然后慢慢地把它呼出来，提醒自己放慢语速，也会有一定的效果。

鼓励自己，提高自己的信心

在紧张的工作、学习之余，可以从事各种娱乐活动，调节自己的生活。培养一些爱好，比如书法、旅游、厨艺……能够让自己的神经放松下来。如果在遇到一时解决不了的问题，首先应该稳住自己的情绪，不要紧张，也不要急于求成，对困难作冷静的分析，要相信自己有能力解决问题。

经常对自己说一些鼓励性的话，如："我可以把这件事情做好""我可以放松下来，把话说完""我已经练习了很多次了，这次一定能做好"，这样紧张情绪会被消除。

与别人真诚相处

在与别人交往中，应真诚、坦荡，自然大方；虚伪只会增加你和别人的距离。融洽的人际关系会增加你的自信，不再担心害怕，有助于减少紧张情绪。

按照这些办法坚持下去，一定可以消除你的紧张情绪，改变你的生活。

7. "放弃"淑雅
——别给自己套上"枷锁"

人越是压抑自己，往往越表现得紧张、行为失常，因为此时内心的情绪得不到有效的释放，会让人做出一些不可思议的举动来。

有一位女士一天突然找我来咨询，愁眉苦脸地问我："怎样做一个端庄的女人？"

对于这个问题我感到很奇怪，我和她不是第一次打交道了。据我的了解，她是一位简单、率真的女士，性格开朗、活泼大方，这个问题让我很意外，我问道："为什么会问这个问题？"

她叹了口气，对我说："我的老公说我不够端庄。"

她与她的老公本来有着快乐的婚姻，可是最近，不知道为什么，她的老公对她变得挑剔了。

事情的起源是最近两个人一起到亲戚家做客，她本来是一个热情的人，到哪都会自然地和别人打成一片，这次当然也不例外。她与别人大方地交流，很自然地谈笑，但她发现自己老公的脸色却好像有些尴尬。

平时，她的老公对她的要求是一定要像一个贤妻良母，要经常做家务；吃饭的声音不能太大；到亲戚朋友家里做客，要表现得中规中矩。

她的先生总提这样的要求，把她搞得有些晕了。每到别人面前，她就会想：

"我说话是得体的吗？会不会让别人认为我是一个放荡的女人？"

"我是不是与别人走得太近了，会让别人说闲话？"

"我穿的这件衣服是不是合适，会不会颜色太鲜艳了？"

……

从前，她的性格是很热情、自然的，从来不计较这些小事；现在在与别人交往的时候，她想的不是怎样与别人聊谈、说话，而是时刻担心自己的言行举止会给别人造成不当的影响。

久而久之，她都快崩溃了。

心理学上认为，人应该遵从内心的召唤。有时候，我们常常会接收到一些告诉我们该如何做的信息，但那并不一定适合我们。如果我们的行动违背了我们内心真实的需求，就会发生矛盾，就会感到焦虑，无所适从。

实际上，很大一部分的心理问题是与我们不能正确地看待和释放自己有关，而其中多数又是因为我们对自己提出过高的、不切实际的要求。

生活中你是不是常常对自己提出下面的要求：

我一定要表现得得体。

我绝不能在别人面前哭泣。

我要让每一个人都尊敬我。

我就是要让别人承认我，接受我。

我的着装是否合适？

我说话的声音是不是太大了？

……

但实际上，当你对自己提出这些要求的时候，也是给自己套上了无形的枷锁。在生活中你会不自觉地用它们来要求自己，时常看自己是否达到了这些要求，内心将陷入一种希望做到但又难以实现的矛盾中，结果可想而知。

所以，不要在意那些条条框框，“放弃”淑雅，做一个真实的自己，让内心的自己与外在的自己保持一致，把真实的你表现出来，你才会获得身心的自由。

不要那么在意别人的眼光

人的幸福不在于别人，而在于对自己的接纳和认可程度。心理学家发现，那些容易被紧张情绪困扰的人，往往也是性格敏感、特别容易受到别人影响的人。但实际上，这种困扰往往是自己造成的。心理学家做过一个调查，向一些人提出这样的问题：“你在意别人对你的看法吗？”结果，那些回答“是”的人，往往也是性格焦虑、容易紧张的人。生活中很多的不快乐大都来自于我们过于在意别人的眼光。减少猜疑，坦然一些，大方的面对别人的目光，你会发现自己反而会更加自信。

摆脱羞怯的状态

实际上，几乎每个人都会有感到自卑的时候，相信你也有过这样的感受。不要太在意别人怎样评论你，更不必为此害羞。别人评论你，或许只是对你的嫉妒。当别人评论你的时候，坦然地对自己说：“那就是真实的自己。”久而久之，你会发现别人投来的目光不再可怕。

保持开放的心态

越是顾虑重重，你就越无所适从。保持开放的心态，对生活保持一种接纳与宽容的态度。心理学家弗洛姆说过：“一切不愉快的体验都来自于你把自己封闭起来。”所以打开自己的内心吧，把生活看成是一个展示你的舞台，把你自然、率真的一面展现出来，这时的你是最让人喜爱的。

不要患得患失

如果你总是纠结该做什么，总是害怕失去什么，那么请告诉你自己：“从现在开始，我要不再犹豫。”当你希望做什么的时候，那么请坚定自己的信念，相信自己可以成功，然后采取行动。勇气来自强大的内心，你一定要相信自己，越是坚定，你就越快乐，越容易成功。

记住一点，一个人真正的魅力来自他（她）的自信，来源于他（她）对自己的肯定。不要在意别人的目光，因为那就是真实的你，与众不同的你，受人欢迎的你。

8. 少吃一些，快乐多一些
——减少暴饮暴食

一位网友来信：

我一遇到什么不开心的事，就会控制不住自己，大快朵颐。尤其是在心情不好时就会暴饮暴食，狂吃东西，明明已经吃得很饱了，但是感觉还不满足，非要吃到把自己胀得很不舒服为止。

今天上午我去应聘工作，不是很顺利。面试的时候，面试官看了看我的履历，对我爱搭不理的，没问几个问题就让我走了。回来以后，我很不开心，拿起零食，吃了起来。刚开始的时候不觉得怎样，但是越吃越难受，吃了很多，可是还是控制不住自己。

很多次都是这样，心情不好的时候就会靠吃东西排解自己，越吃越难受，明明想着不能再多吃了，结果总是经受不住食物的诱惑。过后十分后悔，但就是控制不住自己，怎么办啊？

我真的很讨厌这样的自己，我的生活已经脱离了正常的生活轨道了，一点自制力都没有！

生活中很多人都有过暴饮暴食的经历。表现在饮食无规律，心情好的时候会大吃一顿，心情不好的时候则一连几天不吃，或者在心情坏的时候大吃。暴饮暴食后会出现头昏脑涨、肠胃不适、胸闷气短等问题，精神恍惚。

很多人都是在吃的时候控制不住自己，吃过了之后，又感觉身体不适，担心健康受到影响，带来的压力很大。对于忧郁的人来说，长期暴饮暴食还可能会加重你的抑郁情绪。

解决暴饮暴食的方法是打开心结，走出心灵的困扰，自我心理调适与好的生活习惯培养相结合，往往能够起到很不错的效果。

想吃东西时先喝一杯水

喝水能让口腔和胃部有东西经过的感觉，水分还可以撑起胃部空间，给你造成一种"得到食物"的感觉，减轻饥饿感，缓解想吃东西的冲动。多喝水还有利于血液循环，帮助排毒。

培养健康的人际关系

不少人暴饮暴食是由于在感情上不顺利，或者在生活中遇到挫折靠吃东西来排解自己。如果拥有健康的人际关系，那么我们的情绪会在与别人相处的时候能得到释放，坏心情消失了，当然也不需要靠吃东西来排解自己。感情不和谐的人，容易暴饮暴食，还可能伴随有其他问题，比如酗酒、药物滥用或者狂购物等问题。所以在生活中切不可把自己封闭起来，孤独的情绪只会让很多问题更严重。

选一些低热量的零食

如果实在想吃东西，可以吃一些既解馋又低热量的零食。注意吃的时候一定不要囫囵吞枣，要细嚼慢咽，细细品味。这种细细品味的过程会帮助你减少食欲，同时又能够充分地享受食物的美味。水果的水分大，热量低，是不错的选择。平时可以多备一些自己喜欢的水果，放在触手可及的地方，多吃水果会让你既有满足感，又不易被激起食欲。

要多吃清淡的食物，吃蔬菜水果，少油少盐。清淡饮食有助于控制自己的食欲。

避免压力过大

很多时候人们吃得过多，并不是身体真正需要，而是压力使然。平时应该注意控制生活的节奏，不要压力过大，减少加班，不要给自己增加太多的事情，使身心得到放松，这样情绪性的进食就会减少。尤其要注意保证睡眠，优质的睡眠会使身心疲惫得到缓解。女性朋友在睡眠不足的时候很容易靠吃东西摆脱疲劳，与其撑着疲惫不堪的身体，靠吃东西让自己变得有精力，不如好好睡一觉，自然调动身体的功能。

9. 学会“逃避”
——放下心理包袱

如果你感到实在“坚持不住”时候，不妨尝试着放轻松一下。

心理学家珍妮曾经遇到过一位求询者，他说：“最近我的压力好大，感觉自己快受不了。”

到底发生了什么事？

原来，这位先生是一位“强人型”性格的人，一直对自己有着很高的生活要求。

用他自己的话说，他对自己苛求到了让人难以接受的程度。从初中开始，如果自己的成绩不能排进班里前三，他就会惩罚自己在操场上跑三圈。此后他一直使自己保持在班里的前几名，以优异的成绩升入大学后。他一直以成绩优异者的身份出现，这也形成了他固执、自负、不容挑战的性格。

他的生活必须是井然有序的，比如餐具、牙膏，每次使用完都要摆放得整整齐齐，不能有一丝凌乱。他的表情永远是严肃的，以显示他坚定的内心。

在同事面前，他绝不允许别人怀疑自己，如果别人不认同自己，就要与他们争论。在朋友面前，他一定要表现出自己与众不同的一面，结果，这让他与别人相处得并不融洽。

他还会经常发脾气。甚至家人也开始责备他：“你为什么这么挑剔，似乎不管别人做什么也不能让你满意。”他自己也感觉情绪越来越容易激动，只好向珍妮求助。

很多人喜欢对自己提出很高的要求，似乎这样才能够让自己满意。但实际上我们每一个人的内心都有一个平衡点，如果对自己的要求超出合理的界限，就会使自己身心处于承载过度的状态，结果是顾此失彼。

所以，为了你的幸福，请重新审视自己的生活。

人活着就是为了生活得更快乐、更幸福，幸福的生活当然要靠自己争取得来，但欲速而不达。

不要对自己过分苛求，应该把奋斗目标定在自己力所能及的范围之内。如果你确实有远大的目标，也不妨从眼前的微小的目标开始，因为任何事情都不是一朝一夕能够达成的。这样，你的心情一放松，反而变得更有效率。

寻找乐趣

如果你不喜欢现在的生活，那么不妨换一种生活方式。很多人一辈子都没有尝试过新的生活，他们不知道外面的世界是怎么样的，还以为生活本来就是如此的枯燥乏味。

生活中的乐趣很多，学会发现乐趣。当你对现在的生活和工作很不满意的时候，不妨换一个环境，尝试一种新的生活方式。

学会倾诉

向朋友、亲人倾诉，以疏解郁闷的情绪。越是孤独的人，排解自己情绪的能力就越差。容易情绪激动的人，往往也是不擅于和别人交往、不会和别人相处的人。反过来，因为朋友很少，内心的不快得不到释放，情绪更容易出问题。

积极参加集体活动，多与别人交往，当感到内心烦闷时多与别人沟通，你会发觉你的每一天都是快乐的。

不再坚持

你可能已经习惯了坚持自己的观点，并且认为："一直不就是这样的吗？""从来不就是如此吗？"或许，正是因为你一直坚持己见，才限制了自己。适当地改变一下自己，比如你要求自己今天一定要把这件事情做完，但你已经很累了，那么不妨对自己说："推迟一天是一天，事情不会变得更糟糕。"实际上，当你休息过来再重新投入工作时，会变得精力十足；又比如你一直是一个严肃的人，很少对别人微笑，那么不妨换一种方式，试着在遇到别人的时候，对他们笑一下。虽然只是一些微小的改变，但别人却能感到你的变化。适当地放宽一下自己的标准，你会发现别人更容易相处。你的生活也会有所不同。

换一种沟通方式

换一种方式，会容易沟通一些。比如你不想接受别人的意见，不要很不客气的直接回答："我根本不会考虑。"可以换一种说法，比如很含蓄地说："可否让我考虑一下再回复你。"委婉含蓄的语言，更容易被别人接受，达到有效交流、沟通的目的。

拒绝能力之外的事情

感到为难的事情，就一定要学会去拒绝。了解自己的真实能力和现实条件，做力所能及的事，既是为自己负责，也是为他人负责。当然，拒绝对方的时候要有一些技巧，以免伤害对方的感情。可以说明为何无法承诺的原因，只要让对方理解了你的苦衷，那么他自然就不会怪罪你；或者，虽然无法完全满足对方的要求，但可以试着提供一些力所能及的帮助，这会让对方觉得你不是在推卸责任，而是真心地想帮助他解决问题。

可以这样讲，逃避并不是放弃，而是放下包袱，轻装前进，选择最适合你的生活。有一个轻松快乐的心态，保持愉快的心情，你就会发现生活原来是多么的美好。

10. 敢于面对自己
——让心情更轻松

一位读者，他对我说：

我这个人，性格挺内向的，了解我的人不多。

生活中，我是阳光、快乐的。我爱交朋友，和别人在一起的时候，能够讲一些让人捧腹大笑的故事。周末我会组织亲朋好友郊游和聚会。在办公室里，我是一个健谈的人，常常是一群人谈话的中心。或许您会觉得我是快乐的，但实际上，只有我自己知道，我内心还有另外一个截然不同的世界。

比如我常常会担心第二天早上不能按时起床，尽管睡前就把闹钟定好了，还总是担心闹钟没电了、或者不能把自己吵醒。常常一个晚上要反复多次看表，快天亮了才能勉强入睡一会。

又比如，上班的路上总是在想："会不会错过这一班车？"能不能在拥挤的人流中挤上车？下车的时候错过站怎么办……因为这些的想法，我每天都是在焦虑中度过。

总为一些不必要的小事担心。比如："这样说话得得体吗？""别人不喜欢怎么办？""我穿的衣服颜色是不是太艳了，会不会让人对我有不好的想法？"……

我就是这样一个外表开朗而内心敏感而忧郁的人，我觉得自己好像生活在两个世界里，这让我很矛盾。我不想这样，我只想做我自己，可是我不知道该怎么做。

为什么我会是这种的呢？我该怎么办？

➲ 内心里不像表面上那样坚强

如果我们从潜意识的角度看，上面这种情况就不难解释。

你可能已经知道人的内心世界有意识和潜意识之分。

意识谁都有，清醒状态下，意识就自动运作，一刻不停地把外部信息输入，产生合乎逻辑的思维，这就是意识。

潜意识看似很神秘，但实际上并不是什么玄妙莫测的东西。事实上，我们每一个人的内心深处，都隐藏着大量的不为人知的潜意识的情绪丛，它们平时不被别人所察觉，但又像暗流一样左右着我们，对我们的生活发生影响。

对于前面那位年轻人来说，他就是受到潜意识的影响。他为什么会有这样的想法呢？实际上这与他对生活的看法有关，他对生活的看法很灰暗，他从来不相信自己，即使能够做到的事情，也不敢尝试。他的潜意识已经被消极的成分所覆盖了，这使他的性格变得焦虑、忧愁。

潜意识是我们内心世界的很重要的一个组成部分，它会影响着我们在日常生活中的表现，当你在生活中表现得郁闷、孤独、忧虑的时候，都可能是潜意识在发挥作用。但是潜意识并不是不可以改变的。

对前面那位年轻人，我对他的建议是，用积极的心态改造自己乃至改变自己的潜意识。慢慢周围的事情就会发生变化。

潜意识并不是不可以改变，相反，发现和积极改变你潜意识中灰暗的成分，你将会更快乐。

不断地自我确认、不断地自我积极暗示

假设你想要成功，首先就要相信自己可以成功。如果你想学会烧菜，就要去想烧菜的每　个细节，以保证自己在真正行动的时候能够熟练地操作；如果你想变得谈吐自如，就要勤加练习、不断积累，这样当你面对别人的时候，才能妙语连珠，落落大方；如果你想要让自己的业绩提升，就要不断地去想象自己的工作，思考怎样能够把它做得更成功。不断地自我确认，让你的思维变得清晰，潜意识也会发生变化。

习惯成自然

经由不断的反复地练习，反复的输入，这些指令就会在你的潜意识里变成习惯成自然的东西，成为你的潜意识的一部分，在生活中指导你的行动。你的每一个思想和每一个行为都会配合你，朝着你的目标前进，直到达成目标为止。影响一个人潜意识关键，就是要不断地重复，不断的自我提升，随着你的观念的加强，习惯成自然，行动上也会变得坚定，帮助你实现目标。

让自己意识到不采取行动的消极后果

如果你有爱睡懒觉的习惯，并且觉得自己很难改变，那么请思考，如果总是睡懒觉，会对生活有怎样的影响？可能会上班迟到耽误自己的工作；可能会因为时间过于仓促把一天的心情搞得很糟糕。知道了可能出现的后果，潜意识接受了这种暗示，就会告诉你不要耽搁，尽快采取行动，起床的时候就不会那么艰难了。

明确你的希望，并做出决定，给自己一些明确的指令，比如：

“我明天不再睡懒觉。”

“我能够给别人带来快乐。”

“我能够把那件别人都做不到的工作做好。”

……

潜意识接受了这种指令，就会按照你的要求去做，你的思维、情绪等各方面的潜能都会被激发出来，为你下一步的行动做好准备。

潜意识会影响我们的心情，把积极的成分注入潜意识当中，你收获的将不仅仅是一份快乐的心情，更是幸福的生活与对未来的掌控。

第三章　爱情的秘密

——爱情中的心理学

1. 谁是天生的情种
——什么样的人容易爱情、事业双丰收

心理学家把人的婚姻分成六种类型：

第一种是浪漫式爱情

这种类型的爱情，往往把爱情的对象理想化，强调形体、气质，心灵的完美统一。比如有的人非帅哥不嫁，有的人非美女不娶，有的人认为爱就要爱得轰轰烈烈，死去活来，这都是理想化爱情的一种表现。浪漫式爱情往往有着苛刻的要求，常常会这样想问题：“他不错，但就差那么一点点。”“她很好，但离我的要求还有一点点距离。”“我要全部的投入，你要全部的回报我。”把爱情想象得过于完美，提出过高的要求，把彼此摆在高高的楼阁上，不食人间烟火，实际结果往往不是很好。

第二种是现实型爱情

与前一种相反，在这种婚姻类型中，把爱情视为生活之需要，除非能够满足彼此现实的需求，否则都不在考虑之列。持这种婚姻观念的人，往往比较看重对方的经济能力、家庭背景、工作，对自己是否有较多的付出，等等。应该说，婚姻需要有现实的基础，但是如果婚姻把现实条件看成是第一位的，自然也就失去了很多意义。结果是生活比较乏味。我们在生活

中经常看到那些没有感情，但很现实的人，甘愿做小三，或者嫁入豪门的人，结果却不一定幸福。

第三种是游离型爱情

这种类型的爱情对婚姻持若即若离的态度，觉得人生太过危险，必须小心应对才行。体现在在生活中不敢投入，不敢付出，害怕与对方坦诚相对，有时甚至还会选择逃避。结果，两人相处了很久，也没搞懂对方要的是什么，在一起多年，仍可能觉得对方是陌生人，很难得到幸福。

第四种是占有型爱情

这种类型的爱情往往把感情看成是生活的唯一。他们对爱情不是不热心，而是过度热心，到了恨不得完全控制对方的地步。他们常常会提出这样的要求："你是我的唯一，你就必须听我的。""我必须无时无刻地关注你，那样才能显现出我对你的爱。"这种爱情类型的人大都会有一种很强的占有欲，自己对婚姻是百分之一百投入，要求伴侣也要如此，只有这样才能够让他们感觉自己是得到了爱。在现实中，由于对感情的要求太高，常常让对方感到一种压力。改变这种状况的婚姻，是要在相信对方对自己忠诚的同时，适当地拓展自己的生活空间，比如对亲情的关注，培养自己的兴趣，等等，避免把感情全部都倾注在对方身上，让对方承受难以承受的沉重的爱。

第五种是奉献式爱情

持这种爱情观的人，往往曾有过严重感情挫折，他们可能没有得到过爱，也不知道爱是什么，这使他们在面对爱情时会采取不顾一切的态度。为了达到婚姻与爱情的和谐，他们会奉献出自己的全部，不计回报。但是爱情并不只是单方面的付出，他们虽然靠自己不断地付出一时挽留了对方，但对方未必珍惜，他们自己也感到很迷茫，对自己的行为感到不解，内心难以平衡。

第六种是伴侣型爱情

这种类型的爱情才是绝大部分人真正所需要的。理想的婚姻的并不是要求对方无条件地投入，或者自己全部地付出，而是相互理解、相互信任、共同促进，达到感情、生活与事业的完美合一。这样的爱情才会长久，也容易出现同甘共苦、相互关爱、相濡以沫式的爱情，不仅在感情体验上幸福感很高，家庭、生活的美满也会随之而来。

不可否认的是，有的人确实是“天生的情种”，对爱的需求比别人多，付出的爱也比别人多。他们对爱的期望往往比别人更高，但要注意一点，现实怎么样是很难预料的。

种下一颗种子，本以为它能长成枝繁叶茂的大树，但过了许久，却发现，它长得矮小干枯，歪歪扭扭，甚至有夭折的危险，与我们的期望相差很大，为什么会这样？

原因就在于很多人只种下了种子，却忘记了对它的栽培。如果只播下种子，却不给它浇水、施肥、除草，它就很难健康地成长，它时时会受到各种困难、疾病的困扰。同样，如果不对种下的爱情加以精心的培育，它也有可能失色，甚至是夭折。

爱情往往以美好开始，却不一定以美好结束。这是因为感情的建立不只是取决于最初的一见钟情，还在于此后双方是否愿意付出努力去呵护它，如果失去了双方的付出，不管一开始是怎样的美好，最后都有可能以失败告终。

能够爱情与事业双丰收的人，必然是既能够播种爱情，也能够精心呵护爱情的人。

2. 学会关心对方
——爱是不计较地付出

一对恋人，最近一段时间以来，发生了很多不愉快。上个周末两个人一起上街，好久没有一起逛街了，有这样一个机会两个人都很高兴，手挽手地走在熙熙攘攘的大街上，感觉很幸福。可是，不愉快却发生在不经意之间。两人看到一间服装店，女士就好奇地进去，男士则在门口等。过了许久，男士却没等到女士出来，就走进店里，说："怎么这么久还没出来？我都要等到花儿谢了。"或许是带有一些责备，女士不断地试衣服，正在兴头上，就回了一句："你就有点耐心，不要那么着急。"就这样，两个人争执起来。男士认为女士太拖沓，女士认为男士不关心自己，根本没耐心与自己逛街。

一段时间以来，这样的争吵已经发生了很多次。可是想想从前，是这样的吗？

他们是一见钟情，在第一次相遇时，他们就认定了对方就是自己要找的人。细致入微的关怀，海誓山盟的承诺……爱情的美妙他们一一品尝到了。但是不久之后，他们发现彼此的关系不那么融洽了，取而代之的是不断的争吵，感情在疏远、平淡，这让他们十分的苦恼。这并不是他们期望中的结果，为什么会这样呢？

问题出在哪里？

如果审视他们恋爱的过程，就不难发现当他们以为对方已经完全属于自己时，就失去了应有的珍惜，取而代之的是疏懒和倦怠；不再努力去理解对方，而是不停地挑对方的毛病；不再愿意付出，而是要对方为自己做这做那，如果对方做不到，还会觉得对方不爱自己。他们在相互的苛求中变得越来越疏远，最终把感情推向了危险的境地。

爱情绝不只是出于喜爱的一时冲动，它是基于双方长期努力之下的一种持久、浓厚的情感体验。唯有如此，这种感情才能够穿越时间，跨越空间，弥久而新。所以，如果你还没有学会去经营自己的爱情，那么就要从现在开始，努力去经营。

在任何时候都要珍惜你们的感情

不要以为一时相爱就会一世相爱。你觉得他 / 她很爱你了，对你百般呵护，万般包容，以为这种感情是很美好的。请记住，他 / 她越是爱你，就越要珍惜他 / 她对你的感情，不要认为他 / 她爱你就不会离开你，对他 / 她要求太多，让他 / 她去做许多不合理的事情，不顾他 / 她的感受，随意的支配对方，这些举动，在无形之中会伤害到他 / 她，直到超过他 / 她所能承受的极限。要懂得这样一个道理，不懂得珍惜的人不值得去爱，对任何人都是如此。

要学会相互奉献，相互支持

真正的爱，绝不仅仅是享受对方的奉献，更要去相互理解和支持，急他 / 她所急，想他 / 她所想，同甘共苦，相濡以沫。爱是一种愉悦的体验，更是一种责任感。组建家庭需要抚育子女，照顾老人，相互体贴，为对方付出。如果没有责任感的支撑，就无法跨越生活中种种琐事的阻挠，再好的感情也会褪色，如过往云烟。

要学会控制自己

人们常常会有这样的想法："既然我们彼此相爱，他 / 她就应该宽容我。"但实际上，感情越深，就越应该学会控制自己，如果不懂得控制自己，什么时候伤到了对方，还不自知。有许多人，到了分手的时候，还不知道问题出在哪里。两人相处要避免自我意识太强，要学会尊重、体贴，必要的时候还要主动适应对方，这样，彼此才会消除距离感，身心真正地相互靠拢。

学会道歉

如果你犯了错，又不肯承认错误，结果就是错上加错。生活中两个人的相处，往往不会有太多的大事发生，都是点滴小事汇聚在一起，如果小的矛盾和冲突不及时解决，积攒起来，就在各自心里憋下一股怨气，一旦爆发就会难以收拾。所以，不管是谁的错误，要学会向对方认错、道歉，有一个人先让步，另外一个人就要表示自己的歉意。若是两个人都不让步，只能是越闹越僵，结果一拍两散。

要容忍彼此的缺点

正如画家不会绘出一幅完美的画一样，生活中我们也不会遇到一个完美的人。学会去爱，就要学会宽容他 / 她的不足。刚刚陷入爱情中的人，眼睛看到的一切都是美好的，对方的优点被无限放大，缺点被无限缩小了。等到两人相处久了，平淡的生活代替了最初的激情，笼罩在对方身上的光环就会褪去，一些缺点就会一一地显露出来。所以，爱对方就一定要学会容忍对方的缺点，爱绝不是只爱对方的长处，爱更是一种包容。每个人都有这样或者那样的缺点，若怀有包容之心，允许他 / 她改正，他 / 她就会感激于你的宽容，会努力地去改变自己，你将会看到一个更加优秀的他 / 她。

但如果处处挑剔，他/她就会反感，长此以往，则会心生厌弃。宽容对方也是宽容自己。

不要忽视性爱的和谐

没有性的婚姻像是没有颜色的画一样，会失去很多生机。性是幸福婚姻不可少的一部分。若彼此之间能在性的观念上达成和谐，感情也很容易达到和谐的境地。

总而言之，要学会去经营你的爱情，要像爱护自己的眼睛一样去爱护它，这样才能让它健康，才能使你获得幸福！

3. 最匹配的才是最好的
——爱情具有互补性

爱情具有互补性，在婚姻当中，两个人的性格并不是因为相同而变得和睦，而是因为具有互补性而相得益彰。

有一对夫妇，丈夫在外企工作，工作勤勉，很能干；妻子是一位教师，收入虽然不如丈夫的，但也是单位的佼佼者。妻子不仅漂亮，而且处事大方得体，很受亲戚朋友的欢迎。在别人心目中，他们无疑是生活优越、幸福完满的一对。可是，在私下里，丈夫却向朋友抱怨两个人之间经常发生争执。

原来，这位先生性格有些内向，喜欢安静的家庭生活，妻子则活泼开朗，喜欢热闹的生活，他们常常会为一些小的事情产生不愉快。比如，前几天先生提议看一部电影，是一部科幻动作片，妻子却毫无兴趣，建议看一部爱情剧。两个人争了很久，谁也没能说服对方，最后什么也没看成。生活中像这样的事情很多，先生想看体育比赛，妻子却想看音乐会；先生希望自己在家做饭，妻子却希望到外面吃饭……总是因为一些小事产生分歧，两人对家的感觉越来越淡，双方都感到很困惑。

后来朋友给他们建议：你们可以学会去适应对方的性格，比如内向的先生可以尝试一些新鲜的生活方式，而开朗的妻子则要学会多与先生在一起。每人都做出一些退让，看看生活是否会发生变化？

经过彼此的改变，他们重新发现了对方身上自己不曾意识到的长处，重新找到了对彼此倾慕的感觉。

有扇门被一把锁给锁住了，怎么都打不开。于是，有人请来了一把大锤，想请他把锁砸开。大锤用尽力气，使尽全身解数想把锁打开，可无论他怎么砸，锁却纹丝不动。这时候，来了一把钥匙，她温柔地说："让我来试试吧"，只见她插进锁孔，只那么轻轻一转身，锁就开了。锤子诧异不已，问道："为什么你能这么轻易地把锁打开？"钥匙莞尔一笑，说："因为只有我了解他的心呀！"这就是相互理解的意义。

幸福的婚姻毫无疑问都是建立在彼此适应的基础之上。

要学会做出一些退让

许多婚姻中的男人或女人，一看到对方发脾气，想的不是去解释，去平复对方的心情，而是和对方一起发脾气，结果呢，是越吵越凶，直到难以收拾。有时候，退让一下也是一种美德。看到对方发脾气的时候，不要与他 / 她一起发脾气。夫妻之间许多事情并不一定非要搞得清清楚楚，即使你是有道理的，给他/她一些缓和的空间，等他/她明白过来之时自然会感到你的好意。

要学会以他/她能够接受的方式去交流

有一匹马因为迷路无法回家，路上的人看到了，都想帮它，可是谁都想不到办法。这时，有一个人站出来，他让围观的人站得远一点，以便让那匹马安静下来，然后拿出一捆青草，让它慢慢地咀嚼。过了一会，马安静下来了，又看到周围没有那些指指点点的人群了，它就慢慢地向前走，结果找到了回家的路。

生活也是如此，要以对方能够接受的方式去交流，这样才能够让他/她接受，也是对他/她最好的关怀。

一位先生，工作勤奋，对家也付出很多，周围的朋友对他的评价也很好，但唯独妻子对他并不满意。他自己不明白为什么会是这样？对于这个问题，妻子对于他的评价是：他是一个好男人，但不是一个好丈夫。具体地说，他从来不会说出赞美她的话，只要她做的事情有一点小毛病，他就会说出各种挖苦讽刺的话来，而实际上，他完全是无心的。因为在出嫁前几乎没做过什么家务，她自己也承认自己的家务做得不太理想，也很想有改变，但丈夫反复的打击却让她感到很难接受，以什么也不干的赌气方式来回应他。

婚姻中必须注意以对方能够接受的方式去沟通，若使用方式不当，不但达不到沟通的目的，反而把双方的关系搞僵。

要能够坚守自己的责任

为家尽最大的责任，就是对感情最好的投入。常见的婚姻模式是男人赚钱养家，女人看家、持家。每一个人都有自己的责任，把自己的责任内的事情做好，就是对彼此最大的帮助，家才能幸福。如果自己该做的事情尚不能做好，又怎能期待为彼此付出更多？

4. 天堂里的故事
——不要觉得爱是恩惠

一位女士对我说：

他的爱让我感觉很卑微，让我几乎失去了尊严。

恋爱的时候是他先追我。他的追求让我很意外，因为我是一个较平常的人，外表、工作、家庭，样样都不突出。他在各方面的条件要比我好很多。一开始我以为他只是在无聊的时候找我打发时间，并没有当真，但后来我发觉他不是开玩笑，很认真，我挺感动的。

我的父母、朋友都对我说："你们不太相称，你可要小心啊。"我也犹豫了很久。他人长得好，工作很努力，除了性格有些沉闷，没什么大的缺点，对我也不错。我挺喜欢他的，就这样，我们走到了一起。

但是结婚后不久，有一次我收拾家务，看到了他以前的相册，里面有他和他前女友很亲密的照片。虽然早知道可能会有这些事情，但是我还是感觉很受打击，我也明白了他为什么总是闷闷不乐。我想既然我俩在一起了，就要为将来而努力，不能总是想着他的过去，我把相片放好，假装没看到。

我本来就是一个很体贴、很能干的人，看到他闷闷不乐的样子，家务活我就做得更多了，洗衣、做饭，大都是我一个人做。他平时话挺少，我就找些话题让他高兴。他喜欢看足球，我以前是不喜欢看的，但我也尝试着跟他去看。我还带他去我的朋友那里玩，想让他开心一些。

有时他也意识到自己的心情影响了我，也帮着做些家务，但不是丢这就是落那，还是一副神不守舍的样子。

我想尽各种办法让我们俩贴近一些，但他还是好像没有感觉的样子，对我与其说是一种投入，不如说是一种怜悯和施舍。

对于这样的生活，我很困惑。

或许很多人都有过与这位女士相似的经历。付出很多却得不到回报，不知道他/她心里想的到底是什么。

要记住，爱是对等的付出，是出于自愿的目的，不是出于施舍或者同情。只有这样对等的付出，你才会感受到快乐和幸福。

有一个人，想知道天堂和地狱的区别，就要上帝亲自带他去看看。他们首先来到地狱，在那里看到有一口大锅，正炖着香喷喷的肉汤，所有的人都围坐在大锅旁边，每人手里都拿着一把勺子，可是他们个个面黄肌瘦、双眼无神。原来，勺子的柄非常长，他们每个人都竭力从锅里舀起肉汤送到自己的嘴边，但因为柄太长，总是送不到自己嘴里。彼此之间又互相干扰，这样谁也喝不到肉汤，总是生活在饥饿之中。上帝说："这就是地狱。"这个人恍然大悟："原来如此，这是对他们的惩罚吧？那么天堂中的人一定用的是正常的勺子了。"他们又来到天堂，出乎意料的是，那里是一样的锅，一样的勺子，但那里的人个个红光满面，十分幸福。原来，他们每个人用勺子舀起肉汤之后都送到旁边的人嘴里，相互配合，这样谁都不会挨饿，他们生活得很幸福。上帝说："这就是天堂。"

➲ 天堂里的故事的启示

如果只有单方面的努力，那么这样的婚姻一定难以持久。不要把感情当施舍，必须用对等的爱，去唤醒他/她，只有这样，婚姻才能幸福，你才能得到期待中的快乐！

必须学会对等的付出

谁都喜欢享受，饭有人为我做了，衣服有人为我洗了，钱有人为我赚了，像是拥有了一个仆人，他/她是从属于你的，一切以你为中心，生活一旦如此，就一定会失败。

虽然不可能做到绝对的平衡，总会有人多付出一点，有人少付出一点。但平等相待仍然应该是我们所追求的目标，一方的付出，另外一方必然要有所补偿，即使这种补偿不是物质上的，也会是在感情上的。若不能做到这种平衡，对方就会感觉心里不舒服，婚姻就有可能走向危险的境地。

要学会与他 / 她分享你的生活

分享彼此的生活很重要。每个人都有着自己的生活圈，如果你不能与他 / 她分享你的生活，就会让你们在不知不觉之中疏远。

分享你的生活，这会让他 / 她感到你的真诚。在同事、朋友聚集的场合，带着他 / 她一起出席，一定会让他 / 她感到被尊重，让他 / 她感到从未远离你生活的中心。

学会去观察他 / 她的疾苦

俗话说，不能共患难，又哪来的天长地久？必须学会观察他 / 她的疾苦，若你没有体察之心，就不会感同身受，就不会认为自己的付出有极大的必要。失去了同情与关爱，这样的感情又怎能维持长久？

不能计算自己的得失

婚姻中的相处，切不可斤斤计较。如果你总在计算自己的得失，稍微付出一点就如同剜了一块肉，要心痛许久，那么你和他 / 她一定很难建立起亲密关系。

两个人在一起生活，相互关怀、支持，本来是件很幸福的事情，但是因为你太在意自己的付出，无时无刻不在计算：我又做了这么多，他 / 她怎么还不回报我？这样，你们之间融洽的关系就会被破坏，取而代之的是斤斤计较与相互的猜疑，生活就会变得很危险。

记住一点，学会付出，让你的生活更幸福快乐。

5. 情感溢出
——不把别人当“垃圾筒”

一位先生，在感情上遇到了麻烦，他向别人倾诉：

其实我俩在一起，我感觉还挺幸福的。她聪明、能干，我不用操心，她就能把家里操持得很好。但她有一点不好，就是爱唠叨，爱抱怨，一唠叨就没完，总是挑我的毛病，弄得我好烦。

刚结婚的时候，因为我们没有自己的房子，与我父母住在一起，她就整天唠叨我，让我买房子，但那时经济条件不允许，不就得忍耐一下？

买房子的时候还吵了一架，原因是我们一时拿不出那么多钱来，想找我妈借，我妈也没有，她就不高兴，说我妈把钱都给我妹妹了，其实就是我妹妹先结婚，所以先给她用，就因为这个说我们家白捡了一个媳妇。

我妹妹有一次来我家玩，看到我给儿子买的电子琴很好，就想借去给她孩子玩几天，老婆听了很不高兴，我不敢张口，后来妹妹自己就拿走了。其实也没什么，我跟妹妹很亲的，她要我的什么东西从来都是自己拿，不需要我同意。就因为这件事，她又唠叨了我半个月，还让我儿子跑到我妹妹那里把琴拿回来了。

不仅爱抱怨我，还爱抱怨我的家人。不管多大的事都要说上半天，不分时间、场合。有时就当着我妈的面说我，所以她们俩关系特别紧张。

我本身就不是一个特别强势的人，她总抱怨我，让我特别郁闷。她是不是不喜欢我，为什么这么爱唠叨？

美好的生活是需要共同的付出，但如果缺少了这种共同努力的心情，取而代之的是挑剔和抱怨，就会让生活变味。

记住一点，消极、悲观的情绪是心灵上的垃圾，不要把他人当作自己可以随时倾倒情绪垃圾的垃圾桶，那对他人是残忍的。

抱怨是最有杀伤力的武器，会破坏双方的感情，让你的生活失去色彩。所以一定要减少抱怨，

不要不停地诉说你的苦难和痛苦，当你这样做的时候，这也是情绪垃圾，不要随意倾倒给他人。

不要不停地诉说自己的委屈，当你这样做的时候，其实也是在让别人传递痛苦。

不要总是重复你与别人之间的是非曲直，因为他 / 她并不了解你的处境，没办法理解你的感受。

多谈一些开心快乐之事，多用鼓励的话语。向别人传递积极、乐观、健康的信息，把你内心里的阳光洒向对方，这样彼此都会更开心。

必须学会用理智的方式沟通

你本想通过反复的抱怨让对方明白你的要求，但是你可曾想到，他 / 她之所以一再拒绝你，是因为他 / 她觉得你是在无理取闹。

一旦你觉得他 / 她有错，起了埋怨之心，无形之中就在内心里树了一个靶子，你的每一句话都带着自身的情绪，一针一针地扎向他 / 她，无论他 / 她躲到哪里，都逃不掉。也许他 / 她本来有错，但在你一再的抱怨之下，他 / 她内心里的反感被渐渐点燃，他 / 她终于忍无可忍，与你开战，结果越来越糟。一定要学会用理智的方式沟通，用心去触摸对方的灵魂。

想想怎么解决问题

当发现你的抱怨毫不起作用时，不妨自己尝试着想想其他的解决办法，比如“你不做饭，我又累了，要不然今晚我们就到外面简单吃一点吧。”或者“你看，你总把衣服到处乱扔，要不你把衣服放到 ×× 处，给我减轻一些压力？”与其把精力和时间放在争执上，不如去提出合理的建议，尽量去解决问题这样能避免长时间的争执。

在抱怨开始时，要多想想对方的长处

当你一味抱怨的时候，心里已经没有了他 / 她的任何优点，只想他 / 她的坏处，结果，只会激起对方的坏情绪。其实，他 / 她也有许多可爱之处，只不过你的坏情绪一上来，就把它们忘在脑后了。所以，当你的情绪起来时，多想想他 / 她的好处，人都是两面的，有优点就有缺点，切勿让坏情绪控制自己的大脑，一叶障目。多想想他 / 她对你的好处，你的怨气是否会减轻许多，你的态度是不是也会变得真诚许多？

6. 权力欲
——个性为什么会伤人

个性吸引别人，也能伤到别人。

一位男士从一个贫困的家庭里走出来，完全靠着个人努力考上大学。他勤奋、自律，毕业后得到一份人人羡慕的工作，让他对人生充满期望。

他不仅在事业上取得了成功，在感情上也得到了回报。在工作中他认识了现在的妻子，他为她的热情大方所倾倒，她为他的认真、勤奋所感动，他们顺理成章地恋爱、结婚、生孩子。可是，一段时间之后，他们的婚姻却遇到了问题，他们发现他的认真变成了苛刻，她的大方变成了随意，从前对方身上吸引自己的优点，现在都变成了缺点。那么，是这一切是怎么发生的呢？

其实，就在于他们彼此不相容的个性。

先生是一个苛刻而严谨的人，认真、仔细，对于任何一点小事都会提出近乎完美的要求，从不敷衍；而妻子则是一个热情大度的人，在很多小事上不拘小节，甚至有些粗心大意。就这样，他们常常因为一些生活的小事产生分歧，甚至到了难以包容的程度。比如先生时常要求每天家里都要做严格的清扫，而妻子却觉得不应该把时间浪费在家务上；先生要求家里的花销一定务求谨慎，妻子却觉得对一些不必要的小开销没必要太在意；先生常常会在家里加班工作，妻子却觉得这样减少了陪伴她的时间。先生还有一些大男子主义，因为对妻子的厨艺不是很满意，从来不顾忌妻子的感受，总是当作别人以调侃妻子并不擅长的厨艺为乐，让妻子很没面子，无奈之下，妻子只好以拒绝下厨作为抗议。

一对都很有个性的夫妻，却最终难以忍受对方的个性。在以前，这些个性都是对方吸引自己的地方，可是现在，却变成自己难以接受的地方，就这样，他们发现彼此之间的共同点越来越少。

生活总是具有双面性，个性既有好的一面，也会有坏的一面。

我们都很熟悉这个故事：两只刺猬，因为冬天的寒冷而相依偎到一起，但是，就在他们彼此接近的时候，却被对方身上的尖刺扎得很深、很痛。

不加控制的个性代表着一种权力欲，代表着一种只考虑自己，不考虑对方的自私，所以，在婚姻与情感当中，一定要注意适当的控制自己的个性。

了解自己和对方

必须对自己的性格、情绪等心理特征有着充分的了解，知道自己的言语、行为会导致怎样的结果，不因为自己的随心所欲而给对方带来不必要的伤害。不要这样想："我对他/她真的很好，我只是脾气坏了一点点。这有什么呢？只是一点小事。"两个人想要好好相处，就必须学会控制自己。

个性强的人大都喜欢把自己的感受放置在别人的感受之上。他们常常这样想："我喜欢的就是对的""我觉得好，就是好。"如此这样，即使是再有包容心的人也会觉得苦不堪言。

一旦发现自己的情绪不对时，不妨问一下自己："我这样做对吗？""这样做是合理的吗？"有了这样的提示，心态就会回归平静，行动就会谨慎许多，回归平静与现实，你的婚姻就不会再有那么多的问题。

要学会照顾考虑对方的感受

个性强的人大都很自我，一旦性子起来了，眼睛里就只有自己，其他的都看不到了。说话、做事，不再考虑对方。不适当的话会说出来，不合情理的行为会做出来。说话要留有余地，不要太强调自我而让对方下不来台。

要学会在情绪好时多交流

如果知道自己个性太强，那么就不要选择在自己心情很坏的时候去交流。婚姻生活，沟通的机会多的是，等心平气和时，谈谈一点相互的看法，可以增进双方的感情。

他/她正好处于气头上，如上班跟领导闹别扭了；回家途中又遇到了塞车；身体还有些不舒服，这时，你不但没有安慰他/她，反而说了很多难听的话，这都是不恰当的。避免在坏情绪起来的时候沟通，在情绪平复后去解决问题，坏脾气也自然会消失。

记住一点：个性让一个人变成可爱，也会让你变得失去理解。过度的个性谋杀了彼此间的信任。两个人相处，除了要有个性，还必须学会体贴、理解和相互尊重，必要的时候还要去相互适应。这样，他/她才会觉得你是一个可爱的、值得去爱的人。

7. 并不是越亲密越好
——爱需要保持距离

读者来信：

我和我男朋友是在几年前认识的，那时我们在同一家公司工作。有了较多工作上的接触，他人很机灵，一有什么事情总是跑前跑后的。那时我刚到这家公司工作，很多事情都不熟，每到有麻烦的时候他就向我伸出救援之手，这样我们彼此有了好感。那时我们经常相互打趣，他叫我“小聪明”，我叫他“机灵鬼”，都是出于对彼此的好感这样称呼的。他很勤奋、敬业，对工作始终保持着一种高度的热情，没有一般人的那种慵懒。就这样，我们成为朋友，直到成为恋人。

成为恋人以后，我们也经常开对方的玩笑，比如有时候他烧饭烧得不好了，我会说：“你今天表现不如上次啊，把菜烧煳了。”虽然是批评他，但他从不介意。因为这样一些开玩笑的话语，我们的关系反而更加亲密。

可是渐渐地我发现出现了问题。有一次，他在工作中遇到了麻烦，被领导训斥了一顿，很郁闷。回到家里，我并没有注意到他的表情，仍然像往常一样对他说："机灵鬼，你去把菜洗了吧。"他没好气地把菜扔在水池里，洗了几下就跑到一边玩电脑去了。我看到没洗干净的菜，就随便抱怨了一句："没洗干净！这么点小事都没做好！"他好像没听到一样。

吃饭的时候我发现他心情不好，正想安慰他一下，没想他突然来了一句："你是不是觉得我很没能力啊？"让我许久都说不出话来。那一晚上他都没怎么说话。

从那以后我们两个人的争执多了起来。以前也有过争吵，但都没有现在这么严重。以前的争吵，越吵越觉得甜蜜，但现在不同了，不知从什么时候起，从前那些感觉亲密的玩笑越听越刺耳。现在，即使对方是很亲密的问候，也要仔细揣摩一下，里面是不是隐藏着什么动机。

我不知道为什么会是这样。

记住一点，不能因为爱就毫无保留，爱反而要保持距离。心理学家认为，每一个人都有着自己的隐秘空间，这个空间，即使是对最亲密的人也是不愿意分享的。不能因为关系密切，就可以无话不谈，因为很多话语可能会对方情绪的不同给对方带来伤害。

看看下面这些伤人的话，是不是也曾出自于你的口中？

"你太任性了。"

她或许是很任性，让你头痛，但别忘了任性也是她的可爱之处啊。与其用这样的话让她更任性，不如这样对她说："我正忙着，一会再陪你。"这样她会更乐意接受。

“你这么笨，我不理你了！”

其实你为她付出她都记在心里，她之所以无理取闹，只是让你始终关注她，就像孩子用玩闹来获得别人的关注一样。完全不必以这样生硬的口气去说，这把你以前对她的恩情全都抵消不说，还会让她觉得：“哦，原来你这么小气，根本就没有在乎过我。”

“你就不能干点别的？别在这烦我。”

或许她此时很孤独，正需要和你沟通，用这种方式把她支开，只会让她感到更孤独。如果你确实很忙，那么对她说：“我现在比较忙，一会再跟你说。”有了这样的话，她就会明白你不是在敷衍，而是确实比较忙。

“你从来就没信任过我！”

她要是没信过你，又怎会和你在一起？即使暂时对你失去了信任，也不能把以前的信任全都否定。

“既然处不到一块，要不我们分手吧。”

你也许只是一句气话，是一句威胁他的话，想用这种方式要他改变，但他可能做出完全相反的理解。他会想：“哦，是这样，既然你想离开，那就随你吧。”然后他会说：“你是想分手吗？”如果他说出了这样的话，问题就更不易挽回了。

切记，不假思索的话会激化你们之间的矛盾，即使对方暂时忍让，但一口气憋在肚子里，早晚也有控制不住的时候。所以，说话时一定要三思而后行。

爱不等于无话不谈，亲密的感情更需要尊重对方。万一言语冲突发生了，可以从以下几个方面去改变：

（1）不发脾气，只谈眼前的事。再任性的人也会不好意思继续无理取闹，而是选择与你重归于好。

（2）表明你的目的是为了解决问题，而不是为了吵架，在表示不满的同时，要提出你的建议。少指责，多赞扬，多建议，等到双方平静之后再沟通，把埋怨变成希望。

（3）不要提高嗓音，别用尖刻的语气挖苦对方，也不要拉长了脸，给他 / 她脸色看。

（4）多理解对方，并且适时表达出来。比如："你很累了吧，这件衣服我来帮你放。"这样下次他就知道自己要注意放好，不会再给你添麻烦。

（5）别总揭他 / 她的老底。旧伤未愈，又被你揭开，如此下去，这块伤就永远不能愈合了。宽容过去，就是给未来希望。

总之，切不可因为亲密就无话不谈，随意出口。其实生活如果在细微之处多做到相互体谅，相互理解，对方会体会到更多的甜蜜与温暖。

8. 三分钟热度
——怎样让爱更长久

一位女士给我写信：

耿老师，我老公又对我发脾气了，这不是我俩第一次吵架了，最近我俩总是发生争执。不仅如此，我发现他对我也没以前那么热情了。他是不是已经对我没兴趣了，他还爱我吗？

我和我先生结以后，生活很幸福。他很踏实可靠，努力地工作，全力支撑着这个小家。我的付出也是很多的，把家操持得井井有条，让他有一个安稳的后方。但是最近半年，问题却出现了。我发现他不知在什么时候变得爱发脾气了。刚结婚的时候，对我百依百顺，把我当成掌中宝，想着各种办法逗我开心。但是最近不同了，不爱说话，变得沉闷多了，回到家里，脸色总是阴沉沉的。对于我做的菜，不像以前那样赞不绝口，经常吃了几口就说没胃口，扔在一边，有时干脆就不回来吃饭。处处对我不满。每当他回到家里，我都要仔细观察他的表情，生怕有什么事又让他不高兴，弄得我在家里总是提心吊胆的。

昨天，他又发脾气了，起因只是因为一件很小的事情。他早上要上班的时候，我正在厨房准备早饭，他在客厅里喊我，我没听到。后来终于听到了，他问我把他的一条领带放在哪儿了。我这几天忙着各种事，根本没注意这条领带，他就责备我乱丢东西，其实我从来都没乱丢东西的习惯。早上做的是绿豆稀饭，我在里面加了一点枸杞，我以为他会喜欢吃，可是他跟我说他一点都不喜欢吃枸杞，还说我明知道他不喜欢吃，还要往里放。我在那气得饭也吃不下去，他却好像没看到一样。

我知道他的压力比较大，我们又供着房子。但是总这样沉着脸，大家谁也没有好心情。实际上我也要上班，只不过没有他那么忙。但我在工作之余，为家庭付出了很多。

我有时候也会对他发发脾气，发脾气后他好像态度变得好一些，但随后又回到老样子。

这是怎么回事，他为什么对我爱搭不理的，是不是他不爱我了？

爱能持续多久

男人为什么有的时候会对女人兴趣十足，但有的时候却好像变得毫无兴趣呢?

其实，这与男女两性的性格有很大关系。一般说来，男女两性的性格有很大不同。

男人重事业，女人重家庭

男人有竞争的天性，他们常常会因为追求地位、追求名誉而不断努力，因此男人的压力要比女人大。相比之下，女人在彼此相处时要宽容很多，女人更愿意融洽相处，更愿意相互理解，更有爱心，不愿意采取极端的方式，她们的生活重心往往在家庭上。虽然存在着这种性格上的差异，但在他们相遇的时候，却正好形成互补。女人的宽容、体谅，能够给竞争中的男人一块心灵的栖息地，并因此变得充满温情。在生活中常常可以看到一个性格暴躁的男人，在谈了恋爱之后突然变得通情达理、充满爱心，似乎变成另外一个人，这正是因为感情的力量。

男人大都理性，女人大都感性

男人通常是理性的，而女人通常是感性的。说男人理性，是因为他们思考、做事有着固定的原则，无论什么都以事实为中心，只认事实，不讲道理，坚持自己的原则，绝不轻易妥协。女人则相反，感情是女人最好的武器，她们天生敏感多情，动不动就感情用事，她们不愿意控制自己的情绪，随心所欲，纵情表达。这样不同的男人和女人，遇到了一起，难免会产生分歧，一个内敛，一个外露；一个理智，一个冲动。他们是如此的不同，以至在彼此的眼里，都很难理解对方。

据说，哲学家苏格拉底是世界上最聪明的人，但他仍然无法理解自己的妻子。有一次，苏格拉底正在同几位学生讨论某个问题，他的妻子不知何故，忽然发起脾气起来，接着又提起一桶凉水冲着苏格拉底泼了过去，苏格拉底全身被淋透了。众人大惊，面对不知所措的学生们，苏格拉底只好自我解嘲地说："我早知道打雷之后一定要跟着下雨的。"

男人是探索的，女性是内敛的

男人一般都有较强的好奇心，不愿意安分守己，总是喜欢探索。女人则相对保守，喜欢稳定的生活，不喜欢冒险。在男女两性相处的过程中，这种性格上的差异也很明显。

就前面那位妻子来说，实际他的老公近期会有那些变化是因为工作压力太大。男性在工作压力很大的时候，往往不像女性那样倾向于用沟通的方式解决问题，而是可能选择发脾气、冷战的方式来排解自己。他们如果能够了解到双方性格的差异，我想他们就会更好地处理彼此的关系，共同来应对生活中的挑战。

总而言之，男女两性的性格差异是很多的，如果不细心体会这种差异，就会产生隔阂。如果想让爱维持更长久，就要多了解对方，学会从对方的角度考虑问题，相互关怀，相互体谅，才能消除隔阂，真正走到一起，获得幸福的婚姻与快乐的生活。

第四章　孤独是可怕的

——要学会与别人交往

1. 消除社交恐惧

——你本可以更大方

你害怕和别人打交道吗？

一位因为胆小、怯懦、不知道怎样和别人交往，而深陷苦恼的男孩子对我说：“耿老师，您说我这种情况是不是社交恐惧症？”

“我小时候的性格还算开朗，在班里还担任过文艺委员，那时我与别人打交道没有困难，还爱说爱笑的。不过，后来家庭出现了一些变故，我的父母离婚了，这对我的打击很大。我不那么爱说爱笑了，与同龄人在一起的时候，因为他们的家庭是健全的，我的不是，这让我很自卑。再加上我各方面都比较普通，没有什么特长，不像别的同学又能唱又能画的。我变得封闭、不爱说话了，对人的信任感下降了很多，经常是一个人闷着。

有一次，我在和几个朋友谈论音乐的时候，因为我不懂音乐，不小心把“爵士乐”（yue）说成了“爵士乐”（le），因为这个，几个朋友捧着肚子笑了好久，以后每次想起这件事，就和我开玩笑。有了这件事情的影响，此后，每次和别人说话的时候，总是担心说不好，又让别人笑话，我更害羞了。

我这种情况渐渐地发展到害怕和别人相处。在公司，当我走进食堂的时候，看到别人有说有笑地从我身边走过，就会想：我这么笨，永远都比不上他们。在各种假期，别人都出去旅游、去交友，我却一个人闷在家里。

这种心态影响了我现在的生活。我的生活很单调，很乏味，谈了几个女朋友都吹了，因为她们都不喜欢我闷闷不乐的样子。不过，最近公司来了一个新同事，是个漂亮的女孩子，她很阳光、很健谈，给我枯燥的生活带来了一些新的气息。我现在每天最快乐的事情，就是坐在办公桌前，希望她从旁边走过。

可是，我也很压抑、很胆怯，我不知道如何向她表达自己这份感情，她会接受我吗？

我想改变这种情况，该怎么办？”

社交恐惧症，是指因为缺乏必要的人际交往技能，产生的一种害怕与人交往的心理。

它可能表现在：

- 害怕人多的场合，比如广场、各种聚会、拥挤的公共场所等，害怕进入商店、剧场、车站，回避这些环境。不敢在公共场合演讲，聚会不敢坐在前边。
- 害怕与别人交往，说话的时候紧张，吞吞吐吐，想不起自己该说什么；不敢与人对视，与别人对视的时候甚至觉得无地自容；被介绍给陌生人时会感到压力很大；不敢和别人争辩。
- 害怕当众发言、当众表演，一旦遇到这种情况就变得结结巴巴，口干、出汗、心跳剧烈，甚至愣在当场。
- 不自觉地怀疑自己，害怕说错话丢人，不敢张口。
- 谈恋爱时，缺乏表达自我的能力，让对方不了解自己，或者缺乏耐心，表现得过于急躁。

一般人能够轻而易举办到的事情，他们却可能望而生畏。

值得注意的是，有社交恐惧症的人也常常有着让人意想不到的长处，比如心思缜密、坚定、专注、有韧性；常常在绘画、音乐、科学方面有着让人意想不到的天赋。

对于前述的那个年轻人，他在与别人交往的忧虑实际上是由于缺乏自信心导致的。他从小对自己的能力评价就不高，当工作以后，看到很多优秀的同龄人，让他产生了自卑心理，阻碍了他自然的与别人交往。对此，我建议他说："你要相信你的能力，大方地把你优秀的一面展现出来，坚持锻炼。你就可以大方自如地与别人交往，你终将被别人接纳。"

他尝试按照这样的方法去调整自己，果然起到了效果。

如果你感到自己有社交恐惧症，可以从以下方面去改变自己。

提升自己的自信心

相信自己是走出孤独和恐惧的第一步。你越是怀疑自己，觉得自己不行，你的内心就会变得越加封闭。

有一个贝壳，它每天躲在海底的沙子里，看着旁边的鱼游来游去，十分羡慕，它抱怨说："我是那么的孤独，如果能像你们一样游来游去就好了。"鱼儿们听到了，都纷纷宽慰它："让我来帮助你吧。"鱼儿们游到贝壳的身边，搅动海水，吹去它身上的浮沙，希望能够推动它前行。可是受到海水的惊扰，贝壳十分害怕，反而把自己封闭得更紧了。

你可能会认为自己是个乏味的人，害怕别人不喜欢你，于是就把自己封闭起来，不愿意打搅别人，也不想被别人打搅。但这样做，会让你感到更加焦虑和忧郁，害怕交往的情况会进一步恶化。许多人因为心存忧虑，不敢参加有意义的活动，比如交友、聚会、公众场合发言，大胆地向心爱的人示爱……其实这大可不必，要相信自己有积极阳光的一面，相信你能够与别人愉快的相处，能够受到别人的欢迎。与别人成功交往的人，并不是因为他们在每一方面都做得完美，而是因为他们克服了自己的羞怯，愿意把自己的每一个方面都展示给别人。所以，你是什么样的人并不重要，重要的是你是否充满自信、敢于展示自己，这才是别人接受你的关键。

进行适当的练习

适当的练习可以提升你的人际关系技能。

（1）放松练习

当你与别人交流工作、与朋友打招呼、需要当众发言时感到十分紧张、觉得自己难以克服，不妨做几次放松练习。最简单的练习方法就是深呼吸，深深地吸一口气，再把它均匀地呼出来，反复 2 ～ 3 次，你就会发现自己的紧张的情绪会有明显的缓解。这是因为深呼吸会让你的大脑神经变得松弛，肌肉的紧张得到缓解，担心和忧虑会随着慢慢呼吸的过程得到释放。还有其他一些放松练习，人越是紧张，肌肉就越是不听使唤，比如稍微活动一下身体，伸展一下胳膊、在走廊里走几步，都能让自己变得轻松。

（2）自我表达练习

如果你在和别人相处时不知道该说什么，不妨平时多练习一下。在交流之前，找一个独处的场所，把你想要与别人交流的话题写出来，比如你想与别人交流工作，可以试着去想："为了交流工作，我都需要说些什么？"你可能需要问这样的话："你做好了吗？能否与我分享一下？""我也有自己的想法，要不要说给你听？"等等，又比如你想要与别人随意闲谈几句，不妨可以说："今天天气不错，你觉得呢？"只要提前做一定的准备与练习，交流时知道如何表达，你的紧张情绪不知不觉就会消失。

增加与别人的交往

越是担心自己与别人交往时会出丑，就越是得不到正确的回馈。与人交往时你可能会变得更紧张，在别人眼里，你则变得更加奇怪。所以，一定要增加与别人的交往，见面主动打个招呼，聊一些你们感兴趣的话题，趁着午休或一起用餐的时候聊聊生活和工作中的事，平时多相互通电话，都是很好的交往方式，在这个过程中不仅是增加了感情和友谊，分享了信息，更让你的交往能力得到提高，也会增加很多生活乐趣。

2. 保持一颗宽容之心
——学会接纳别人

保持一颗宽容的心，你将因此获得更多的朋友，生活也会变得更快乐。

有一天，在奥地利首都的维也纳，有个姑娘贴出广告来说要开音乐会。在广告上，她特意说明她是著名钢琴家李斯特的学生。不过，李期特从来都没招过这位学生，也并不认识她。

李斯特当时正好也在维也纳，听说了这件事，就想去看个究竟，在演出前一天，他突然出现在这个姑娘面前。见到李斯特，姑娘惊恐万状，抽泣着说：冒称他的学生是出于生计，因为她的家庭很贫困，以给别人弹钢琴来谋生，最近父亲又生病了，急需用钱，没办法，自己冒充李斯特的学生，是希望有更多的人来听音乐，以赚得收入，帮助父亲看病。姑娘一边哭泣，一边请求李斯特的原谅。

李斯特听了她的述说，要她把演奏的曲子弹给他听，一边听，并一边加以指点。最后，李斯特说："你大胆地上台演奏，你现在已是我的学生。

你可以对剧场经理说，晚会最后一个节目将由老师来演奏。”

姑娘因为李斯特的宽容度过了难关，李斯特因为他的宽容赢得世人的尊重。

对生活中不愉快的事情我们应该持宽容的态度 。时常有朋友抱怨：“我的人际关系好差，我对他们付出了那么多，但是他们回报我的却是冷冰冰的态度，还经常挑剔我、埋怨我，这难道是我应该所得的吗？”

古希腊有个寓言：

有一天，大力士海格力斯走路上，发现路中间有个袋子挡住了他的去路，便踢了它一脚，想把它踢开，谁知袋子不但没有被踢开反而膨胀起来。海格力斯有点生气，便狠狠踩了一脚袋子想把它踩破，哪知那个袋子不但没被踩破，反而又膨胀了许多。海格力斯恼羞成怒，更加用力踢它，谁知那东西竟然加倍地膨胀，最后大到把路都堵得严严实实。正好一位智者路过，他对海格力斯说：“朋友，你知道它是什么吗？它叫仇恨袋，你不犯它，它便小如当初，如果你跟它较劲，它也与你敌对到底。”

生活中总是充满着各种误解和摩擦，如果我们总是心怀不满，心生抱怨，就会使自己负重“登山”，举步维艰，甚至把未来的路堵死。但如果你能放下包袱，轻装前行，对各种怨恨不理会，你会发现其实绝大多数的恩怨都可以化解。宽容的心态会让你赢得更多。

保持一颗宽容的心

人与人之间的关系有一种相互的投射，你越是以怀疑、犹豫的目光看别人，别人就越是以同样的方式对待你，隔阂、不信任、甚至敌意就此产生。但如果你以友善的态度主动地与别人接近，那么你就会得到同样的回馈。每个人的内心都有友善、接纳的一面，关键在于你是否能够激发它，激发它的办法，就是我们首先要以友善的态度多去接近别人。敞开自己的心怀，以真诚迎接他人，自然就可以得到同样的回报。

接纳别人，接受自己

不要因为别人的一些小的短处而拒绝与别人相处。心理学有一个“放大镜效应”，意思是说，如果我们总是用挑剔的眼光去看别人，那么，在我们的眼睛里，别人的缺点就会越来越大。以宽容的态度对待别人，别人也会以同样的态度对待你。可以这样讲，宽容别人就是宽容自己。

发现生活积极、快乐的一面

越是不快乐的人，内心里就越承载着很多的过节。他们看到的都是生活中灰暗的一面，以至于占据了自己生活的重心，乃至看不到开心的事情。但是如果你能保持大度的胸怀，去发现生活中积极、快乐的一面，你会发现原来那些过不去的事情现在不过是无足轻重之事。

保持友善的态度

情绪是会相互感染的。微笑是最好的软化剂，你露出微笑，别人势必会对你展颜，彼此之间的不信任感就会消弥于无形，交往没有任何障碍。所以，不要吝啬自己的微笑，向你身边的每一个人，你的朋友，你的同事，甚至是陌生人露出微笑，然后你就会发现每一个人都是你的朋友，与身边的人关系变得亲密。如是你足够关心别人，你就会发现人与人之间的相处往并没有那么难。

坚持从生活中的小事人手，你的人际关系状况一定会发生改变。

3. 做一个好的“演员”
——学会展示自己

经常有人对我说：“耿老师，我最近不开心，每天都有很多烦恼的事情，工作、家庭、事业把我压得喘不过气来，我开心不起来。”

但我要告诉你：开心是学来的，你越是不开心，你的心情就越坏，每天心情不畅，别人也不敢接近你，你就会越孤独。但是如果你学会“强作欢颜”，强迫自己去笑，那么你会发现，其实生活中的烦恼并没有那么多，它们本可以轻易地解决，只是你以前忧郁的目光看不到生活简单、快乐的那一面而已。

生活就像一场戏，你就是一个演员，你入戏越深，不知不觉，你的心情也会随着剧情发生变化。

有一位朋友，他为紧张的工作和生活压力所困扰，向我抱怨：“我最近好烦啊，公司里的事情让我忙得不可开交，因为是新上的项目，我和同事们都不熟悉，一时做不出来，工作没进展，领导不满意，每天都要加班到很晚。回到家里，老婆不明白我为什么每天都回来这么晚，还以为我有什么事情瞒着她，总对我发脾气。我每天在公司压力重重的，回到家里，老婆又对我发脾气，我觉得自己都快崩溃了。”

对此我建议他说：“如果你还是用惨淡的目光看生活，那么生活只会越来越惨淡。不妨试着换一种目光，换一种方式看你的生活，试着使自己笑起来。”

他惊讶地问：“我还能笑出来吗？”

我告诉他说：“努力地去笑，只要你想做的话，就可以做到。”

他最终还是按照这样的建议去做了。不久之后他就心情愉快地给我打电话：生活确实可以改变。他每天都强迫自己笑几次，一开始很难，只能做到苦笑，但随后，他发现这并没有自己想到的那样不可以做到。当他用开心的目光看生活时，从前的压力减少了，取而代之的是轻松。他不再焦躁不安，而是能够静下心来看自己的工作，能够与同事很好地沟通，工作中的问题得到了解决，大家都很开心。他理解了妻子的坏心情的由来，学会了与妻子沟通，尽量花一些时间陪她，妻子理解了他，更加支持和宽容他。这样，他家庭和工作中的阴霾消散殆尽。

所以，即使生活并不如意，你也要学会去笑。因为笑不仅能够激发你自身的热情，能够改变你的身心状态，还能够感染别人。在这样的过程中，你会发现原来生活中的各种难题一一迎刃而解。

每天让自己笑几次

让你每天对自己笑几次，你可能会说，哪有那么多的开心的事？但实际上生活中每天都有很多开心的事发生。曾经有人问喜剧大师卓别林：“为什么您的表演能够那么丰富，那么幽默？”他的回答是：“因为我每天都能够找到好笑的事情。”读一段笑话，看一个综艺节目，听一段轻松的音乐，到草地上散步，这都是足以让你变得开心。试着发现和关注生活中轻松的那一面，每天都让自己笑几次，一开始你可能觉得很难实现，但一旦能够做到，你就会发现：开心其实并不难，只要你能够保持一颗轻松的心。

及时问候亲友能带给你快乐

给朋友打一个电话，仅仅是为了问候一声，有时会取得意想不到的效果。一位抑郁症患者，她曾经每天都沉浸在自己的消极情绪中不能自拔。她从事枯燥的会计工作，每天都和数字打交道，几乎没有什么机会与人说话。她一直都认为自己与别人打交道几乎是不可能的事。不过，有一次，因为工作中的一点小事，她需要同事的协助，她试着对同事笑了一下，然后尝试着用轻松的口气去说话，同事热情地回应了她。在她们更加熟悉之后，同事对她说："原来你这么健谈，我一直都以为你不喜欢与别人打交道呢！"

与朋友一番谈吐之后，我们又会变得快乐起来。这并不奇怪，因为交往能够让我们分享心情、获得帮助、得到关心。朋友对于健康快乐的生活是必不可少的。一次简单的问候，比如仅仅五分钟的电话就会使人们快乐起来，这是因为它让我们记起了生活中曾经发生的让人快乐的事情，分散了生活中的忧愁。

多做运动

多做跑步、转圈、疾走、游泳等体育活动，这些活动是化解不良情绪的行之有效的措施之一。我们的心情不仅与心理有关，还和身体状况有关。心理学家发现，经常运动的人会更加健康、阳光，运动能够释放我们的身心，把生活中的不愉快宣泄出去。适度运动是保持身心健康快乐的一个很有效的办法。

注意饮食和睡眠

德国心理学家帕德尔教授发现，香蕉含有一种能帮助人脑产生一种五羟色氨的物质，它可以减少不良激素的分泌，使人安静、快乐。牛奶、豆浆、黑芝麻，有助于改变我们的睡眠质量，释放我们的坏心情。良好的睡眠有助于消除糟糕的情绪，稳心定神。心情不好时，不妨大睡一觉，一觉醒来，心情就会好多了。保持充足的睡眠，可以避免每天无精打采，生活也会更阳光。

4. 打开内心
——你并不羞怯

你是不是时常因为太过羞怯，而失去与别人交往的机会？如果是这样的话，请你大胆地展现自己，改变自己吧！

有一位男士，每天嘻嘻哈哈，表面上他很阳光，但这只是他的外表。他的内心是敏感、害羞的，还有一些神经质，常常会因为太小心，而把自己搞得十分紧张。

他每天早上起床之前，总要花很长一段时间去想象一天的生活，总是担心会遇到麻烦。

他住在小区的二楼，每次上下楼的时候，都会仔细地检查楼梯，好像那里隐藏着什么秘密一样。

每说一句话都要提前想很久，总是担心自己会说错话。和别人说话的时候，总是担心自己的表达不好，会尽量地解释，每次说完了，他都觉得自己怪怪的。

他喜欢公司里的一位女同事，女孩子似乎也知道他的心事，有事没事的总找他聊天。但他每次想张口想表白的时候，都感到大脑短路，完全不知道该说什么。

用他自己的话说，每天都是提心吊胆，总是不能大方自如地生活，觉得自己很没用。

那么，羞怯到底是怎样产生的呢，是天生就是这样的吗？其实不然，羞怯大都是后来形成的，尤其是缺乏对自己的了解与自信所引起的。

古时候，有一位著名的高僧叫慧能。一天，他去一个寺庙讲经，在那里，他看到两个小和尚在飘动着法幡（佛教里的一种小旗子）的旗杆下面争论不休。

一个小和尚说："明明就是旗子在动嘛！这还有什么好争论的？"

另一个小和尚反驳说："没有风，旗子怎么会动？明明就是风在动嘛！"

两个人争论不休，谁也不服谁，周围很快聚了一堆看热闹的人，大家都议论纷纷，莫衷一是。

慧能大师摇摇头，叹了口气，走上前去对他们说道："既不是风动，也不是旗子动，而是你们的心在动啊！"

的确，如果不是心在动，又怎能看到旗子动？正如这个故事所说，很多时候影响我们的不是环境，而是我们自己的心境。害羞的人过于敏感，总是担心自己的表现会引起别人的误解，总是担心别人在议论自己，这样，内心总是处于犹疑、过度反应的状态，不管做什么都是战战兢兢的。

没有人会完全不受外界的影响，每个人都有害羞的心理，但绝大多数人都会把自己的害羞及时释放掉，保持一种平和、淡定的心态。

如果你有羞怯的心理，该怎么办？

要保持专注

心慌意乱，紧张得说不出话来怎么办？这时，要尽量使自己平静。比如你可以在心里默默地数几个数字：一、二、三，告诉自己数完之后一定要平静下来；可以试着深呼吸，试着看远处几秒钟，然后再重新回到眼前的事情上。经历过这些调节后，你的紧张情绪会得到缓解，重新保持镇定。你平时一定有过全神贯注做过一件事的经历，当你全神惯注做一件事时，紧张和羞怯就会减少，在心情烦乱的时候，提醒自己保持专注就好了。

要学会从别人的角度考虑问题

害羞大多来自于我们缺乏对别人的了解和沟通，但如果你能够从别人的角度考虑问题，学会沟通，那么情况就会有所不同。

学会沟通，了解别人，可以避免许多的不愉快。不要只考虑自己的感受和得失，却置别人的需要于一旁，将心比心，这样，你就可以理解别人的感受，从别人的角度出发，知道别人需要什么，就可以减少忧虑，让你的人际关系更和谐。

要敢于展现自己

如果不去表现自己，就不可能被别人了解，然而表现自己可能让你陷入尴尬，但如果不付出这样的代价，就可能永远不被别人所了解。要敢于在别人面前表达，纵然有许多的缺点，也不必害羞，尤其要相信自己可以做得更好。在生活中，要对自己的特长、缺点、经验等各种潜质有一个基本的了解，建立合理的信心，敢于发挥自己，有了自信，就可以避免不良情绪的干扰。

还要去思考解决问题的办法

你向上级提出一个付出了许多心血的销售方案，不但没有得到他的肯定，反而被他挑出了许多毛病，面对这样的结果，你很难平静……

与其花几个钟头的时间陷在灰暗情绪中无法自拔，不如试着将自己的气愤化为更有意义的思考。尝试着去想想他的话是否有意义；尝试着向他解释你的方案；探讨怎样做才更合理，面对问题，寻找解决问题的方法，并不会使你失去尊严，反而会让你因为冷静而赢得更多的尊重。长此下去，你也会变得更自信，更大方。

5. 别把人吓走

——恰当的表达方式很重要

心理学家发现，很多人不会和别人交往，并不是因为他们本身的交往能力不足，而是他们的表达方式不恰当造成的。

在《资治通鉴》中有这样一个故事：

宋太祖赵匡胤在大臣张思先面前说下大话："因你这次为国作出如此重大的贡献，我决意让你官拜司徒。"

张思先听了很高兴，可是左等右等总不见任命下来，可是又不好当面质问，这会让皇帝面子上不好看，但他又不甘心。

有一天，张思先故意骑一匹很瘦的马从赵匡胤面前经过，并故作惊慌地下马向皇帝请安。

赵匡胤问道："你这匹马为何这么瘦？是不是你不好好喂它？"张思先答："喂得不少，一天要喂三斗。"皇帝说："吃得这么多，为何还如此之瘦？"张思先回答："我答应给它一天三斗粮，可是我实际上没给它吃那么多。"赵匡胤听了大笑不止。

赵匡胤是个聪明人，马上有所领悟。第二天，就下旨任命张思先为司徒长史。

表达观点的时候如果过于强硬，对方还没有来得及接受你的观点，就被你的态度所激怒，结果当然是不能让人满意。说话要委婉，因为强硬的话会刺伤别人，损害我们与别人的感情，破坏我们的人际关系。

心理学家建议，在表达自己观点的时候，可以把它分成三步：

第一步，只表达出观点的三分之一。

第二步，再表达出三分之一。

第三步，再全部表达出来。

比如，你并不同意对方的观点，想告诉他，那么你要做的并不是对他说："我不同意你。"而是应如下：

第一步，"我觉得和你的想法有点出入。"

第二步，"对了，还有，我也有一些自己的想法。"

第三步，"我们再探讨一下，好吗？"

有了这样含蓄的表达过程，别人还会那样生硬地拒绝你吗？你会发现即使是很难相处的人，也会变得通情达理。

不恰当的表达方式会损害人际关系，尤其要注意以下的情况：

- 对别人缺乏尊重，自己滔滔不绝，不给别人说话的机会。
- 不能够容忍反面意见，不能诚恳地接受批评，如果受到批评，就会有受辱感，并予以还击。
- 认为自己的思维独特，不愿意与别人沟通。
- 只希望别人听从自己，对别人的话却不在意。

……

其实人与人交往没那么难，注意别人的感受，你就会受到欢迎。

赞美别人的长处

著名演员白兰度在第一次到好莱坞求职的时候，因为只是一个无足轻重的年轻人，电影公司的前台小姐对他冷冰冰的，爱搭不理的。但他不甘心白白浪费一次机会，于是他想尽各种办法，希望能够引起前台小姐的注意。他先是说："小姐，你的头发做得真漂亮，一定是出自于名理发师之手。"但前台小姐对他的话无动于衷。他很没趣，想了想，又说："你的衣服剪裁得真好，特别适合你的身材。"她仍然无动于衷。白兰度不甘心，他又说："你真是一位有着特殊气质的美女，一定是参加过许多艺术培训班吧？"这次前台小姐终于被打动了。她滔滔不绝地与白兰度聊起自己参加艺术培训的经历，并且答应把他推荐给公司的管理者。就这样，白兰度得到了自己在好莱坞的第一份工作。

不要吝惜你赞美的话。即使是面对你并不喜欢的人，多说几句赞美对方的话也于你无损。见到瘦高的人你可以说他帅气；见到矮胖的人你可以说他强壮；见到害羞的人你可以说他有内秀……赞美之词永远都要胜过恶语相激。

适度走中间路线

古人说："不偏之谓中。"意思是说，保持中间的立场，不走大是大非的极端路线。不可否认，完全的折中路线会让人认为是和稀泥、不追求上进。适度走中间的立场，有助于全面地看问题，远离人际关系中的是非和困扰。

不要搞小团体

在工作中，由于公司中的人际关系非常复杂，很多人在利益的驱动下形成相互对立的小派系。一不小心站错了队，就会使自己与别人对立起来。所以，不搞小团体，与人们保持适度的距离，远离是非冲突，无疑是明智之举。

6. 知道别人需要什么
——受欢迎的奥秘

有一位心理学家说过：“怎样能让一个人快乐？快乐就是发现别人的需求，然后把他（她）需要的给他（她）。”

吉拉德是一位著名的汽车设计家。有一次，他带着一款新设计的汽车来到汽车展上，这款车无论从外观，到复杂的性能，到节油指标上，可以说都是一流的。展会上许多人都围着这款集高科技于一身的汽车赞叹不已，纷纷拍照留念。还有不少记者专门找吉拉德采访。他心里也乐开了花，心想：“这部车一定能够得到数目可观的订单。”

然而几天过去，展会即将结束，他却一份订单也没有得到，他焦急地守在展位旁，等着客户出现。然而与前几天一样，参观的人很多，但却没有一个人表示出订购的意向。

他实在忍不住了，就拉住一个年轻女士，问：“你看，这部车的样子多标新立异啊，难道你不感兴趣吗？”，小姐看了看，回答：“确实很独特，但我需要的是一部适于女士、轻便的车，而不是一部样子奇特、哗众取宠的车。”

看着这位小姐走了，他又拉住一位中年商人：“你看，这部车的性能多么优异。为什么不订一部呢？”中年商人看了许久，回答：“性能的确优异，但我需要是一部外形成熟稳重的车，你的车与我的需求相差太远了。”

无奈之下，他又拉住了一位老人：“你看，这部车多么节油，快订一部吧。”

老人看了看，回答：“是很节油，但是，它太豪华，很多功能我都用不不上啊！”

就这样，三天的展会结束了，吉拉德一无所获。通过这次的经历，吉拉德明白了：如果抓不住客户的需求，自己的产品就算是无价的珍宝，也不能引起客户的兴趣！

想想生活中，你是不是时时有被人拒绝的情况？

有位年轻人，他向我抱怨：他谈恋爱时为感情付出了很多，经常给恋爱对象送花、一起看电影和吃饭。他花了大量的时间和精力去谈恋爱，但女孩子对他总是不冷不热的。

后来我建议他：“你仔细想想，你所做的，她真的喜欢吗？她真正需要的是什么？你是否认真考虑过？如果你做的并不是她真正需要的，那么你做得再多，她也不会感兴趣。”

他听从了我的建议，回去认真考虑了很久，他稍微改变了一下自己的。因为女孩子是成长在一个单亲家庭，从小没有安全感。现在他主动多与她聊天、打电话，结果她就感动了。因为她的内心是孤独的，需要有人来安慰。

所以，如果你觉得自己缺乏与别人交往沟通的能力，那是因为你还没有了解别人的需要是什么。了解了别人的需要，适当地加以满足，能让你和他们都获得快乐。

充分地了解对方的背景

如果可能的话，要充分了解对方的经历、生活情况等，从而对他们的兴趣、爱好、需求有一个大致的判断，可以让你在交往时更能有的放矢。比如你可以和喜欢球类的同事谈昨晚的体育比赛；与喜欢时尚的女孩子谈时装、美容，这些都会拉近你与对方的距离。

学会好好聊天

聊天是最好的沟通方式，有机会的话，一定要多聊天。心理咨询师的一项重要的工作就是聊天。而这种聊天往往又是从简单的生活中的话题入手，比如："你最近工作顺利吗？""最近都去哪些地方旅行了？""这段时间有什么快乐的事可以分享一下？"……平易近人的话最容易打动对方，让他们接受你，愿意与你沟通。在这个过程中，你们的关系自然会更近一步。

学会换位思考

如果你不能从别人的角度考虑问题，就很难理解到他们内心的需求。

有一个故事，说的是小羊请小狗吃饭。小羊准备了一桌鲜嫩的青草，结果，小狗面对一桌青草，勉强吃了几口，就再也吃不下去了。过了几天，小狗请小羊吃饭，小狗想："我可不能像小羊那样小气，我一定要用最丰盛的宴席来招待它。"于是，小狗准备了一桌香喷喷的排骨，结果小羊一口也没吃下去。

一味地强调自己，没有充分地了解对方，常常会受到冷遇。如果只是凭自己的好恶，难免会犯"强加于人"的错误，而别人回报你的也只能是让你受尴尬。通过换位思考，你可以知道别人的内心在想什么，了解他们需要什么，你更能认同别人，别人也更认同你。

7. 情商的故事
——你的情商有多高

关于情商，有一个很有名的故事。

美国著名心理学家基恩，小时候经历过一件让他终生难忘的事。他小时候被老师视为一个不够聪明的孩子，他身体发育不好，瘦弱矮小，发音不清，经常回答不上老师提出的问题，经常受到伙伴们的嘲笑。他为此非常伤心。有一次，他甚至非常绝望地对父母说："你们不该把我生出来。"

他常常在公园的角落里，偷偷看一些小孩子快乐地做游戏。他羡慕地想："要是我也能这样，该有多好！"

一次，一位卖气球的老人举着一大把气球进了公园，那些孩子一窝蜂地跑了过去，每人买了一个，高高兴兴地把气球放飞到空中去。

等到那些孩子都散去以后，他才怯生生地走到老人面前，低声请求："您可以卖一个气球给我吗？"老人看着这个怯懦、瘦小的孩子，似乎看穿了他的心事，慈祥地说："当然。"老人给了他一个气球，对他说："这个气球是送给你的。"他接过气球，小手一松，那个气球慢慢地升上了天空……

老人一边眯着眼睛看着气球上升，一边用手轻轻拍着他的脑袋，对他说："记住，气球能不能飞起来，不是因为它漂亮的颜色、好看的形状，而是气球里面充满了积极向上的气体。你是不是优秀，也不是因为你的外表，而是内心里是不是积极乐观向上的。”

听了老人的话，基恩若有所思，似乎领悟了许多。正是这件事让他一生都保持一种积极向上的心态，从那以后，他不再悲观，不再怯懦，经过不断地努力，他终于走向了成功。

面对挫折，人们通常有两种选择，一种是灰心丧气，沉沦堕落；另外一种是保持乐观的情绪，积极应对。可以说，能否保持积极乐观的心态，是心理成熟的一项重要标志，也是走向成功的一项不可缺少的品质。情商，就是一个人控制、调整自己的情绪，使之始终保持积极、乐观的一种能力。

每一个人要学会调整自己的情绪，使自己的心态始终保持在积极、乐观的状态。一个人的智商再高，如果总是消极悲观，怨天尤人，不能摆脱消极情绪的影响，他的聪明才智就无处发挥。古人说：“不以物喜，不以己悲”，意思就是说：善于调整、控制自己，不要被情绪所左右。

三国时候有一个人物叫周瑜，他很聪明能干，会领兵打仗，很年轻就成了吴国的军事统帅，是当时吴国的顶梁柱。在他三十三岁的时候，火烧赤壁，大胜曹操，这以后，那些原来不服他的人也都转变了态度，可以说他的事业如日中天。以他的能力，本来应该取得更大的成功，但是他这个人的性格不太好，情绪不稳定，爱发脾气，爱动怒，嫉妒贤能。在火烧赤壁的时候和诸葛亮有过一些过节，一直怀恨在心，多次想找机会报复诸葛亮。可是，诸葛亮巧施妙计三气周瑜，结果，他因为生气伤身，早早地撒手人寰，可悲，可叹。

情商说的就是我们调整自己情绪的能力，具体的说，情商包括以下的心理过程：

注意到并且调整自己的情绪

是喜？是怒？是哀？是乐？如果不能意识到自己当前的情绪，也就谈不上控制自己、调整自己，就会成为情绪的奴隶。在了解自己的基础之上，用积极的思维引导自己，使自己走出焦虑、失望、沮丧、愤怒等不良的情绪状态，促使自己摆脱挫折，鼓起勇气，奔向新的人生目标。

理解别人，能够与别人愉快的相处

不对别人乱发脾气，能够理解别人，相互体贴，建立融洽和谐的人际关系，获得更多的关心和帮助，让自己走向生活的幸福与事业的成功。

那么，高情商的人都有什么特点？

情商高的人大都不以物喜，不以己悲，达观大度，因而生活过得轻松惬意，快乐幸福。相反，心态不好的人，一旦要求不能得到满足或遇到不顺心的事，就牢骚满腹，怨气冲天，甚至迁怒于别人，总是被一些小事所累，总是生活在沮丧、懊恼、苦闷之中，这不仅不利于正常的工作和生活，而且会影响身心健康。

有位哲人说得好：“既然现实无法改变，那么只有改变自己。”改变自己就是调整好自己的心态。如何调整好自己的心态，提高我们的情商？不妨从以下几个角度去考虑。

要学会让自己平静下来

很多人遇到一些棘手的事情的时候，就急得像热锅上的蚂蚁，本来可以很好解决的问题，就是因为控制不好自己，让简单的事情复杂化，让复杂的事情更难以处理。当你再遇到这样的情况的时候，请沉静下来，减少烦躁心理，只要你能够让自己冷静下来，理智就又会发挥作用，你就会发现事情远没有想象的那么糟糕，很多事情都是有回旋余地的。

发现与别人的共同点

生活中我们常常会因为一点小事和别人发生争执，但冷静下来一想，其实争执的问题，大都没多少意义。如果我们能够忍让一时，这些事情就会大事化小，小事化无。所以，要学会与别人友善相处，对于人与人之间的关系，你越往好处想，就会觉得每个人都很友善，你越往坏处想，就会觉得每个人都很可恶。如果确实是难以相处的人，我们不妨离他（她）远一些。

要学会放松自己

当遇到心情烦躁的情况的时候，让自己养成放松的习惯，定时休闲、定时体育锻炼，都可以让自己紧绷的神经放松下来，然后你的心情就会缓解，坏情绪就会悄悄消失，你可能会发觉自己豁然开朗，迷茫不再，取而代之的是乐观与自信。

要学会满足

如果期望太高，一旦得不到满足，形成的反差就越大，心态就越容易失衡。所以，要保持合理的期望，符合自己的实际，不超出现实；更不要与别人攀比，如果盲目攀比，就会陷入“人比人，气死人”的怪圈中不能自拔，没有必要羡慕别人，甚至是嫉妒别人。

要保持宽容的心态

与人说话的时候要委婉含蓄，哪怕遇到你不喜欢的人，也要尽量避免恶语相激。伤害别人绝不会让你快乐，只会让你感到更加苦恼，心情更坏。要体谅别人的苦处，原谅别人的错误，用真心、用爱去面对生活，有了宽容之心，你才会觉得更放松。

学会忘记

不要对过去的事情耿耿于怀，过去了的事就让它过去，这样才会少去烦恼，让心情更愉悦。正如一位哲学家所说："忘记那些无意义的小事，就等于善待明天。"

第五章　认知自己

——获得健康的心态

1. 改变心理定势

——生活可以是另外的样子

心理定势是心理学中一种常见的现象，它是指每个人都有一些习惯性的、消极的思维和态度，这些思维和态度会影响到我们以后的生活。

比如很多人有这样的想法：

- 我很笨，什么事都做不好。
- 我从来没成功过，以后也不会成功的。
- 我太平常，不会有人喜欢我的。
- 我不可能改掉害羞的习惯，这辈子就这样了。
- 我永远也不可能做到当众讲话，那比让我跳楼还要难受。
- 我没钱，又不帅，不会有人爱我的。
- 我没有什么特长，再努力也没用。
- ……

有一位年轻人，刚刚他向女朋友求婚，被女朋友无情地拒绝了。女朋友对他的评价是："性格木讷，没有特点，毫无情趣，不是我喜欢的类型。"

被拒绝之后，他对自己的评价变得很差，他觉得人生很灰暗，他对我说："也许我真的很差，一无所有，不会有人再喜欢我了。"

➲ 相信自己，你也可以成功

消除心理定势，可以在很大程度上改变我们对自己的看法。我们的烦恼大都是自己想象出来的，消除心理定势就是要放弃这些不恰当的信念，重新回到积极快乐的生活状态下。有这样一位女士，她在年轻时有过被别人欺骗的经历，从那以后她再也无法对别人建立信任了。这就是她建立起了一种消极的心理定势。一旦形成了心理定势，改变的办法就是用积极的态度去影响自己，以乐观的方式看待别人，发掘与人交往中友善、信任之处，这样才能够摆脱心理定势。

下面这个简单的练习，可以帮助你改变自己的心理定势。

拿一面镜子摆在面前。

尽量去看镜子中的自己。（之所以这么说，是因为很多人是不愿意照镜

子的，不愿意面对自己）

闭上眼睛，用手搓脸部两分钟，直到面部发热。

然后一根一根移去手指。

要注意，一定要一根一根的，可以从左手开始，也可以从右手开始。

直到你能够看到镜子中自己的全部面容。

然后对自己说："我可以做得更好，我并不是一个毫无优点的人。"

这时你能够发现什么？

相信你一定能够看到一个自信笃定的自己。

这是一个简单的练习，如果你经常这样做，对于提升你的身心状态很有好处。

在非洲一些古老的部落里，流传着这样一个传说："如果你相信自己有着神奇的能力，那么你就会拥有。"他们还用这种办法教育那些看上去很聪明、长大以后可能成为部落酋长的孩子，要求他们不断地鼓励自己，结果这些孩子长大以后真的成为部落的领袖。其实这些都是他们不断地给那些孩子积极的心理定势的结果。

一天，一位农场主正在农场里工作，他十五岁的儿子在旁边准备开车送货。可是，孩子刚把车开出去不久，因为驾驶能力还不够，竟然把车开到农场外面的水沟里去了。听到孩子的惊叫声，农场主急忙跑到出事地点看，看到孩子被压在车子下面，只有头部露在外面，他焦急万分。

这位农场主身高不到170厘米，并不高大，只有不到70公斤重，也并不强壮，但是他毫不犹豫地跳进水沟，把双手伸到车子下面去抬车，奇迹出现了，他抬了平常需要十几个人才能抬起的车，孩子因此得救了。

这样的故事并不是不会发生，这是因为我们的思想确实可以接受各种形式的暗示，从而调动我们内心里的潜能，让我们做出种种意想不到的举动来。如果你总是用消极的信号引导自己，告诉自己“我不行”“我做不到”，那你就可能真的做不到，但如果你用积极的信号引导自己，告诉自己“我能行”“我可以做到”，那么你自身的潜能就有可能被激发出来，就有可能取得各种成功，实现你的目标。

掌握这个原理，你就会发现生活其实是完全可以掌控的。比如当你心情不快的时候，可以告诉自己“我会快乐起来”，然后你就会发现自己的心情果然会有所改变；上台演讲的时候，可以先告诉自己“等我数到十，我就会变得冷静下来，可以自如地面对观众”，这时，你会发现你真的可以大方自如地演讲了，这就是自我激励的结果。

消除那些消极的心理定势，学会肯定自己，你将取得成功！

2. 一叶障目不见泰山
——自卑是一种心理缺陷

生活很难做到圆满。面对并不如意的生活，有些人可能会产生悲观失望的情绪，甚至是自卑心理。

有一匹斑马，被猎人抓住后，与一群普通的家马关在一起。

斑马看到那些长着棕色皮毛的马远远地对自己品头论足，觉得它们一定是在议论自己身上的黑白条纹。它自觉低人一等，感到很难过，躲在一边，一句话也不说。

一匹家马看见了，好奇地问："你为什么不高兴啊？"

斑马伤心地说："因为我的皮毛太奇怪了，它们都看不起我，在背后议论我。"

家马："哪里，其实他们说的是你皮毛真好看啊！"

每个人都有比较的天性，在生活中，人们难免要把自己的性格、地位、才智、财富等与别人相比较。如果你觉得别人比自己强，就可能会产生一种责备和埋怨自己的情绪，这就是自卑心理。

自卑是一种由于过多的自我否定而导致的消极情绪体验。常常有自我评价低，看不起自己，认识不到自己的能力，心理承受能力差等表现。

可以说，几乎每个人都有过自卑的经历。不过，只要敢于面对这种心情，挑战自我，就可以战胜自卑，甚至取得不同寻常的成就。

法国著名的文学家、存在主义大师萨特，两岁丧父，左眼斜视，右眼失明，失去亲人和身有残疾让他产生了严重的自卑。不过，为了克服这些自卑感，他发奋读书，29岁的时候就出版了自己的第一部著作。此后，他勤耕不辍，出版了大量有影响力的作品，成为世界历史上有着广泛影响力的一位文学家。

所以，自卑并不可怕，是可以改变的。那么，该如何克服自卑心理呢？

首先要正确地评价自己，对自己作全面、客观的分析。

自卑大都源自于对自己不客观的评价，过于在乎自己的不足，却忽视了自己的长处。所以，克服自卑首先就要学会客观地评价自己，认识自己的优点，面对自己的不足，以平和的心态来看待自己。正确认识自己，扬长补短，摆脱那种"我总是不如别人"的想法。

要多做积极的自我暗示

当遇到困难的时候，不要总是往坏处想。多想想自己成功的经历，不断地告诉自己“我能行！”“别人能做到的，我也能做到”等，通过不断的积极的自我暗示，就可以获得健康的心态，获得持续努力的信心，最终取得成功。

要想办法不断增加自己成功的体验

自卑感大都由失败引起，所以，要想克服自卑，需要主动改变自己的生活境遇。先从一些自己力所能及的小事做起，在小事上取得成功，再尝试挑战大的目标。这样，随着一次又一次的成功，你就会发生质变，自卑心理就会被自信心所取代！

努力打破自我封闭的心理怪圈

自卑的人大多也是自我封闭的。由于害怕与别人比较，他们往往会有意的躲避别人，结果把自己封闭起来，如此，虽然不再因为与别人比较而感到痛苦，但也失去了与别人交往沟通的机会。所以，要有意识地多与别人交往，这样，不仅可以跳出自我封闭的怪圈，而且在与别人的交往中，还可以多角度、全面地看待自己，对自己形成正确的认识。

学会接纳别人的建议

自卑的人往往自尊心过强，一点批评、一丝责备都不能够接受，对别人的建议不易接受。其实，如果想到别人的建议本身也可能是反映了自己的不足，可以帮助自己变得更好，就可以以坦然的心态面对。主动接纳别人的建议，将会有助于你提高自己的自信心。

其实，一个能意识到自己自卑的人要比那些对自己毫无察觉的人好很多。著名心理学家阿德勒在他的名著《超越自卑》中写道："我们正是在超越自卑中成长"。在某种意义上来说，正是因为觉得自己不如别人，才会使我们努力去赶超别人。自卑心理的背后往往隐藏着巨大的能量，只要敢于打破自卑枷锁，能量就会喷涌而出！

3. 走出心灵的孤岛
——小心抑郁

读者来信：

耿老师，我是一名人力资源主管，我的工作能力很强，但最近一段时间遇到了麻烦，心情一直不好，情绪特别低落，我是不是得了抑郁症了？

我平时工作很勤奋，通过自己的努力，赢得到了同事们的信任，同事们和我很亲近，总是亲切地称呼我"姐"，我也很喜欢他们这样称呼我。每天的工作虽然很忙，但我感觉很开心。老公是大学时认识的，我们感情很亲密，平时各忙各的，但是在对方需要的时候总能相互关照。我的生活就这样简单又快乐。

可是最近，我遇到了麻烦。公司新调来了一位老总，因为和他不熟悉，对他的工作风格不太了解，有几次沟通，都不是很顺利，这让我很有压力。

工作中不太顺利，生活中也有一些麻烦。最近，我的老公比较忙，经常加班，回到家里已经很晚了，没说几句话，就各自休息了。我想和他谈谈工作中的不如意，也找不到时间。

最近感觉压力越来越大，心情也越来越不安。常常一个人独处，和老公也爱发脾气了，他常常不知道我为什么发脾气，只好坐在一旁不出声。

我很希望有人理解我，可是心里的话见到谁都不好意思说。现在上班的时候和同事都不敢交流，没有一点自信心了；回到家里，又没人理解我，心情无处宣泄。

我觉得自己很压抑，我是不是得了抑郁症了？

抑郁又称“心理感冒”，是一种很常见的心理疾病。在每个人的一生当中都可能一次甚至多次受到抑郁的困扰，正是因为抑郁的这种特点，心理学家把它比作是“心理感冒”。

有很多人都曾受到过抑郁的困扰，其中不乏一些名人，他们包括凡·高、林肯、丘吉尔、川端康成（日本著名小说家）等。

那么，抑郁有哪些表现呢？抑郁症的主要表现：

常常为了一些小事感到苦闷、愁眉不展。周期性的情绪低落、消沉，且迟迟难以恢复。

失去了爱好，整天无精打采，做什么事情都感到没劲、没兴趣，做成了事情心中也没有喜悦感。对生活缺乏乐趣。

生活懒散，不修边幅。常常把环境、自己都看得一无是处，有时会产生消极厌世的念头。社交活动明显减少，不愿与别人来往，闭门索居。

思维反应变得迟钝，记忆力下降，丢三落四。缺乏自信心，遇事难以决断。经常莫名其妙地感到心慌，惴惴不安。

长期失眠，持续数周甚至数月，夜里醒来多次，醒来后就再也睡不着，胡思乱想直到天明。感到全身不舒服，经常有疲劳感，做事难以集中精力，感到力不从心。

据世界卫生组织调查显示，大约有 25% 的女性和 10% 的男性受到过抑郁的困扰。

美国总统亚伯拉罕·林肯就曾染上过抑郁。在南北战争之前，林肯由于深感局势的危急，茶饭不思、夜不成寐，终于忧思成疾，得了抑郁。不过，在没有心理医生帮助的情况下，他竟然自己琢磨出了对抗抑郁的方法——剪报，他把报纸上美国人民对自己的期望和赞扬之词剪下来，放在随身的口袋里，在心情郁闷的时候拿出来看一看，以此振奋精神。直到南北战争爆发，他全心全意地投入到作战中去，抑郁也自然就消失了。

抑郁症常常会让我们的情绪变得消沉，无处释放，有时候甚至还要求助于药物治疗，但抑郁并不是不可以改变的。

从以下几点尝试着去改变，可以有效防止抑郁症的发生。

改变自己沉闷内向的性格

容易抑郁的人，大多性格沉闷内向，言语稀少，不愿意与别人交往，好像“闷罐子”一个。由于人际交往的圈子很小，内心的感受得不到有效的疏通，因此很容易忧郁成疾。所以，如果你是一个性格内向的人，就要有意地改变自己，多交一些朋友，多参加一些社交活动，培养一些兴趣与爱好，把自己的内心世界打开，这会有助于避免抑郁症的发生。

把压抑的情感及时释放出来

抑郁产生的根本原因，还在于长期的压抑的情感。中医认为：积怒伤心，积气伤肺，积忧伤肝，这都说明压抑的情绪会对身心造成严重的损害。

东方人大多含蓄、内向，即使遭遇到不快或挫折也不愿意表露出来，时间长了必然会过度压抑，导致问题的出现。所以，在心情不好时，要适当地排解一下：找个没人的地方喊几声，听听音乐，参加一场激烈的体育比赛，让压抑的情感宣泄出来，会让你重新获得内心的轻松。

改变孤独的人际关系状况

在生活中，很多人的自我防范意识太强，不愿意敞开自己的心灵，只有很少的人际沟通，这样，势必会使自己处于一个封闭孤独的状态，如同置身于一个“孤岛”之上。很少与别人交流，容易造成心情的沉闷。要多交朋友，与别人交流，有了感情上的认同，烦闷的心情就会消失。

注意培养自己的兴趣

很多人每天都是快节奏的生活，长期疲于应付枯燥的工作，生活过于紧张，会使人变得思维单调、缺乏情趣，这也会导致抑郁症。所以，放慢生活与工作的节奏，在工作之余，要注意培养自己的兴趣。体育运动、旅游、听音乐等，都是很好的休闲；或者读几本轻松幽默的书；参加一些朋友聚会……都有助于你释放自己的不良情绪。工作之余换一种方式和空间给自己，不仅是对心情的调节，也是对自己的关爱。

4. 打开幽闭的世界
——性格孤僻是怎么回事

一位大龄未婚女士，为自己的感情经历深深的苦恼，她对我说：

我是一位大龄女，年龄不小了，家人、朋友都很关心我的婚事，催我早点结婚。我也有些着急，但我长这么大，好像就没有人追求过我。

我小时候长得并不引人注目，再加上性格比较沉闷，不太爱和别人交往。长大了，工作了，还是那么的平常，很少有男孩子会注意我。平时，公司里的女孩子会有人送鲜花、会收到礼物，我从来没有过。

后来，经过别人介绍，总算和一个男孩子谈恋爱了。他是我的同乡，我们各方面还挺谈得来的，在这个陌生的城市里，和他有一种亲近感。他人很热情、很活泼，对我很好，还教我打羽毛球、玩电脑。他给我平淡的生活带来了很多新鲜的东西，让我感到很开心。不过，我们约会了几次之后，最近他突然对我说："你个人还不错，就是性格有些孤僻，好沉闷，我希望你能热情一些！"

这时我才意识到自己好像确实是一个比较闷的人。

您说，什么样算热情呢？我这个人不太会表达，但我绝不是拒人于千里之外的那种。我想说话，但是怕说错话，让别人不喜欢。

我想和他聊一些我喜欢的事情，可是我没什么特长，唯一的爱好就是出去旅游，旅途拍一些照片，但几乎没给别人看过，当然也没给他看过，我怕他看到会笑我。

我很喜欢这个男孩子，不想失去他。您说，我该怎么办？

孤僻，常表现为独来独往、离群索居，对他人怀有厌烦、戒备心理，与己无关的事漠不关心。表现为自我禁锢，如果与人交往，也会缺乏热情和活力，漫不经心、敷衍了事。有时看上去似乎较活跃，但给人一种做作的感觉，仿佛有些神经质。不愿与别人主动交往，不得不与别人相处时，也会有如坐针毡之感。

孤僻的性格，与先天关系不大，主要是后天受到各种主、客观环境影响，心理长期处于缺乏沟通导致的状态。

对于孤僻的性格，只要找到其关键原因，加以调整，就可以使封闭、内向、不愿与人交往的性格得到很大改善，随后即可获得健康、快乐的生活。

对于这个女孩子，我给她的建议是："你不用有什么担心，只要按照你真实的内心去表达，你就可以让别人认识你、了解你，别人也一定会喜欢你。你既然会旅游，那么不妨与他谈一下你旅游时的感受；既然你喜欢拍照，为什么不与他分享一下你拍的照片呢？打开你的心扉，不要怕说错话，分享你的感受，这就是你们进一步相互了解的开始！"

果然，不久之后，这个女孩子就回复我说："如您所说，我与他谈起了旅游，虽然一开始我不是很有信心，但他很感兴趣，因为他很少出去旅游，很喜欢听我讲旅游时的经历、喜欢看我拍的照片。他现在对待我再也不像对待陌生人的样子了！"

孤僻并不是不可战胜，能否战胜它取决于你对自己的态度。

重新审视自我

你的担心往往来自于对自己的不了解，对自己内心的不够肯定，如果能够改变对自己的认知，就会获得与别人交往的勇气。在一张白纸上，左边列出自己的优点和强项、右边列出弱点和不足，不要考虑自己写得是否正确，只管尽情地把它们写下来，然后再归类整理。在写的过程中，你一定会发现自己原来有这么多平时从没注意到的优点，而且其数量也远超缺点的数量。比如上班途中一路顺畅，处理的文件档案没出一次错，晚饭后安静地坐在床头看书，都可以看成是你的成功之举，每天你都在取得成功，又怎能说自己是毫无特色之人？能把事情做好，就等于对自己的肯定，你就可以振作精神，乐观地面对别人和生活。

认识到孤僻的危害

要正确认识孤僻的危害。有些人害怕敞开闭锁的心扉，认为自己不如别人，害怕在交往中被别人讥讽、嘲笑、拒绝，从而把自己紧紧包裹起来，保护自己脆弱的自尊心。他们越是这样做，内心就越是脆弱，越是躲避，不敢与别人大方交流。多与别人交流，沟通感情、享受友谊与温暖，打开你的内心世界，这样你会发现生活原来很美好。

调整自己的性格

诗人但丁说过："能够使我飘浮于人生的泥沼中而不致陷污的，是我的信心。"生活中应该逐步培养自己开朗的性格，要相信自己有与任何人结为朋友的可能。学会在每一次交往中有所收获，纠正认识上的偏差，收获得了友谊，愉悦了身心，重塑自己在别人心目中的形象。长此以往，你会发现自己在别人眼中不再是那个害羞的、封闭的人，而是积极、乐观、开朗的人。性格是可以发生改变的，只要你注意调整。

培养一种兴趣与专长

在自己的兴趣中找一样加以特别培养，使之成为自己的专长。比如你擅长烹饪，那么不妨多花一些时间练习做几个小菜，然后与朋友分享；比如你喜欢音乐，那么不妨大方地给别人高歌一曲，这一定会让人对你刮目相看。不用是很大的事情，可以简单至做蛋糕、剪头发、运动等，都可以成为你值得炫耀的地方。有了这些，你就会成为受人关注的人。

总之，孤僻并不可怕，关键你要有一颗开放的心，积极和别人交往，渐渐地就会发现封闭的心门打开了，能从与别人的交流中得到快乐和回馈了。

5. 不再忧心忡忡
——改变焦虑型性格

英国著名作家莎士比亚写过一部著名的戏剧——《哈姆雷特》。在这部戏剧里，丹麦王子哈姆雷特的叔父设计用毒害死了丹麦国王——也就是哈姆雷特的父亲，并篡夺了他的王位。在此之后，又娶了王子的母亲为妻。

王子对自己的父亲思念不已，他通过各种办法知道了事情的真相，于是，他决定为父亲报仇。历经曲折王子终于找到了向自己的叔父复仇的机会，可是，王子是一个很容易犹豫的人，在面对这样的机会时，他又突然顾虑重重，迟迟不能下手，结果自己身受重伤，在临终之前他用力一刺，终于杀死了奸王，然而再也无法实现自己改造国家的梦想。

莎士比亚对哈姆雷特性格的描写深入骨髓，使这一患得患失、优柔寡断的人物形象深入人心，在英语里，“哈姆雷特”一词是用来形容那些遇事犹豫不决、顾虑重重的人。

生活中人们常常会陷入焦虑之中，焦虑是由于我们陷入矛盾、无法选择的境遇时产生的一种心理状态。

一位刚毕业的大学生，他经过自己的努力，终于考取了公务员。公务员工作稳定，收入高，是一份人人羡慕的工作。但是，他本人的兴趣并不在这里，他并不想安于平凡的生活，而是想去创业，开一家汽车4S店，实现自己的人生梦想。但是，如果选择了后者，失去了稳定的工作不说，还要承担更大的风险。

不仅如此，他和女朋友已经谈了三年的恋爱，两个人本来就打算工作一旦稳定下来就结婚。面对这样的选择，他有些犹豫了。

他问我：“该怎么样选择？我是该选择稳定的工作，还是迎接挑战？是先构建幸福的家庭，还是先实现自己的梦想？”面对两个不同的选择，他陷入了矛盾。

面对他的困惑，对他的建议是：“仔细考虑你想要的是什么，然后听从你内心的召唤。”

染上焦虑症时，通常有以下的症状：

常常会感到有什么事情必须要做，但又无法决定，莫名其妙的心慌。

做事情时常感觉无从下手。

做事犹豫，即使下了决心，也经常后悔。矛盾、焦虑，不知该如何选择。

总是有莫名其妙的紧张与不安，无法放松。

容易激动，爱发脾气，且控制不住自己，发完脾气又感到后悔。

想对别人诉说，却又不知该从何说起，似乎没有头绪一样。

……

焦虑是我们紧张、无法抉择的一种心理状态，如果长期处在这种状态下，可能会出现失眠、神经衰弱、压力过大等情况。因此，应该避免过度的焦虑。

那么，怎样才能使自己摆脱焦虑呢？

首先要敢于做出选择

生活中人们常常因为害怕选择，而陷入焦虑当中。其实，换个角度想一下，选择是必然的，生活难道还可以不选择吗？如果害怕做出的选择是不正确的，这种忧虑其实不必要，俗话说“没有被烫过的人不知道到火的危险”，一个人正是因为犯了错误，下次才不会犯同样的错误。所以，如果真的遇到无法取舍的情况，那就不妨尝试着去做，不管结果怎样，吸取经验教训就可以了！

多了解一些相关的背景，再做决策

如果你害怕做出错误的选择，可以提前准备得充分一些。多了解问题的相关背景，比如前面那位面对两份工作难以选择的毕业生，不妨从工资薪金、工作时间、发展前景与自己的兴趣等多个角度判断是否适合自己，了解的情况越多，就越容易做出正确的选择。

多向别人学习，避免犯错

为了避免犯错误，可以学习一下别人的经验。多与别人交流，听听别人的意见，再做选择，古人说“以往鉴来”，说的就是要学习过去、学习别人的经验教训。一旦做出合理的选择，心理冲突自然也就消失了。

要学会调节自己的心情

当你遇到难以选择的事情时，与其埋头苦想，坐立不安，还不如先让自己放松一下。打开窗户呼吸几口新鲜空气，听几首舒缓的音乐，到户外漫步片刻，让大脑冷静下来，然后再回过头来重新投入，你也许会发现自己的思路豁然开朗。

摆脱焦虑、紧张的心理状态，所收获的不仅仅是一份轻松的心情，更重要的是一份坚定、一份信心。

6. 杞人忧天
——总把事情往坏处想怎么办

总把事情向坏处想怎么办？

一个男孩子，深受自己悲观、忧虑的性格的困扰，他对我说：

我的第一份工作是去一家公司做销售，那时太年轻，什么经验都没有，虽然有热情，但没方法。一次去见客户的时候，客户对产品有疑问，我因为对产品不是很熟悉，没办法很好地和客户谈，所以很多客户都谈丢了。因为表现太差，我第一份工作就这样失去了。自那之后，我看见陌生人就紧张。

后来换了行业，但还是跑业务。与别人说话的时候，不知道该怎样表达自己，经常会说错话；表现得很紧张。比如看到别人对自己的话不太感兴趣，我就会想："他/她会不会是不喜欢我呢？我是不是有什么地方说得不恰当？"

总喜欢把事情往坏处想。比如工作中稍微遇到一点难题，我就会想："这件工作我一定完成不了，没办法。"身体稍微有点不舒服，就会想："我会不会生病？生病了以后还会好吗？"家人回家稍微晚点，我就会担心他们会不会在路上遇到麻烦。

我就是这样，整天忧心忡忡的，用"杞人忧天"来形容我很合适。这种心态还影响了我的生活，让我对生活不太有信心。我觉得自己很没用，好像没办法改变自己了，我该怎么办？

悲观者往往有自卑、多疑、胆小怕事、适应力差等特点，对不熟悉的事情有过度的担忧，如与陌生人交往、初次应酬、当众讲话、与不熟悉的人谈事情时，有莫名其妙的紧张，无法把精力放在该怎样做这件事情上，而是不断地在怀疑："我能做到吗？""我真的可以吗？""如果我被拒绝了怎么办？"……尤其有把坏结果扩大化的倾向。

经常处在这样的心理状态下，会使生理功能和心理功能失去正常的节奏，影响工作和生活。

从心理学角度来讲，悲观的性格是有原因的。很多家庭不和睦的孩子，往往容易有悲观情绪，因为他们没有从父母那里得到足够的鼓励，没有形成乐观向上的性格。曾经遇到过挫折，因为有过失败的经历，遇到事情就很容易往坏处想，缺乏信心。也有一些是因为个人因素形成的，比如个人看问题比较消极，缺乏积极、健康的生活态度等。

但这种性格者也有他们的优点，他们往往观察力强，擅于捕捉别人看不到的生活细节，观察到别人看不到的事情；理解别人；做事严谨、认真，一丝不苟，等等。

如果受到这种悲观、失望的情绪的困扰该怎么办？

著名学者叔本华在三十岁时写完了他一部很重要的著作《作为意志与表象的世界》，但一直未被世人接受，甚至连出版的机会也没有。这让他很苦恼。他可不想让自己付出这么多努力的著作就这样被埋没了。

他比较喜欢美食，有一次他在饭馆吃饭，点了一大桌子菜，旁边有人看到他一个人点了这么多菜，露出吃惊的表情，讽刺他说："你吃这么多，做出了什么成绩？如果没有，不是都浪费了吗？"叔本华回答："先生，你感到惊讶吗？要知道我吃的是你的两倍，智力也是你的两倍呢！”

就这样，他用乐观的情绪鼓舞着自己，因为自己的坚持，最终他的著作被世人所接受。他成为一个享誉世界的著名学者。

所以，有消极、悲观的情绪并不可怕，只要坚持化悲观为乐观，获得快乐的生活态度，就可以帮助你取得幸福和成功。

与其每天忧心忡忡，不如按下面的办法去改变自己。

学会放松

如果你担心自己做不好，那么在面对让你紧张的事情之前，可以给自己留下半分钟时间，让自己做一次放松练习。深吸一口气，再慢慢地呼气；做几次伸展运动；用双手搓搓脸，都可以大大缓解你紧张的程度。

学会接受各种可能的结果

有些人，做事很严苛，只能够接受好的结果，不能够接受坏的结果。试想，如果只有好的结果，这个世界是不是太完美了呢？其实，好的结果与坏的结果都是生活的一部分，塞翁失马，焉知非福？坏的结果不一定意味着最终的结局，不好的结果也可能向好的方向发展，这完全取决于你的态度。

提前应对

其实，与其在那里战战兢兢，担心坏结果的发生，不如提前准备。比如，你要会见一位重要的客户，但又担心自己说不好而失去这位客户，怎么办？可以把你要说的内容提前整理一下，一条一条列在本子上，然后多看几遍，把它们熟记在心里。甚至可以带着小本子，与客户交谈的时候放在身边作为提示。这并不是你缺乏能力的表现，相反，客户会认为你做事认真、仔细，更尊重你。

增强信心，消除疑虑

一些对自己没有自信心的人，对自己完成和应付事物的能力总是持怀疑态度，夸大自己失败的可能性，从而忧虑、紧张和恐惧。此时，不妨做一些得心应手或感兴趣的事情，以增强自信心。当你因悲观而感到焦虑时，不妨去想象一下过去取得的成绩，和一旦成功后的场景，你将很快地化解焦虑与不安。

转移注意力

假使眼前的事让你心烦意乱，你可以暂时转移注意力。如把视线转向窗外，看一下远处的风景，让自己的心情松弛，或者起身走动，放松自己过度紧张的神经；或者暂时避开让你感到紧张的场景，等情绪平复下来再回来，这些方法都能使紧张情绪得到缓解，摆脱紧张不安的困扰。

7. 杯弓蛇影

——容易感觉受到伤害是怎么回事

你是一个敏感的人吗？

性格敏感的人，大都有以下特征：

- 对周边事物太在意，看到他人的眼神、不经意的态度也能引发很多联想。

- 缺乏对自己的肯定，对自己没有信心。这种消极的心态往往与自己的相貌、收入、地位没有关系，只是一种没来由的自我否定而已。
- 想取悦别人，又担心不被接受。比如很想加入别人的谈话，又找不到话题；想与别人建立亲密关系，又害怕被拒绝。
- 有不安、焦躁的情绪。常常会感到莫名其妙的心慌，且不管怎样努力都没办法平复下来。

性格敏感者大都特别在乎别人的态度，别人无意间的一个言行，都会让他（她）产生强烈的情绪波动。《红楼梦》中的林黛玉就有这样的性格特点，因为自己孤苦的身世，让她对周边的人都不信任，常常觉得他们是在取笑自己。以至于别人一个不经意的举动都会让她理解为是对自己的讽刺，能够伤感很久。

每一个敏感的人，都有着一颗脆弱的心。

他们比较在乎负面的信息，但对正面的信息却视而不见。

比如，他们在出门的时候，天刚好下雨了。如果是乐观的人会觉得：“下雨了，空气会变好，树也会变绿，真好！”但他们的想法却可能是：“下雨了，路会滑，还会把我浇湿，真是倒霉。”

又比如，有朋友邀请他们去参加晚上的聚会。如果是乐观的人，会想：“太好了，今天晚上不用一个人度过了，一个人的时间真难熬。”但他们可能会想：“哦，要聚会，那岂不是要和很多不熟悉的人见面，还要与他们说话，可我该说什么呢？我觉得自己找不到什么话题，还不如不去！”

有一个女孩子，正和男朋友谈恋爱，两个人的关系很好。男朋友很关心、爱护她，每天晚上都要给她打电话，每次都是聊到很晚才挂电话，但在聊天过程中，如果男朋友稍表现出困倦的样子，她就会发脾气，认为是不在乎自己的表现。男朋友每天上班的时候，还要给她发信息，如果有哪一天漏掉了，她就会认为这是对自己的忽视，无论怎样解释都会发脾气。她会不断地问男朋友："你喜欢我吗？""你真的喜欢我吗？"如果男朋友的回答稍有迟疑，就会让她十分恼怒，甚至很久不与他说话。

这样的举动把她的男朋友搞得不知所措。

有一个故事，老和尚带着小和尚下山去化斋，走到一条河边，看见一个女子因为无法过河而在哭泣。这个老和尚就走过去说："我背你过河吧！"然后老和尚就把这位女子背过了河。小和尚吓呆了，但也不敢问。他们师徒两人又走了二十多里路，小和尚实在忍不住就问了："师父，我们是和尚，怎么可以背那个女子呢？"师父说："你看，我只把她背过了河就放下了，可你却背了二十多里路，还没有放下。"

所以，能否快乐地生活，取决于你能否放下自己的心理包袱。我们常说："麻烦都是自己找的。"这句话是有道理的，很少有人会故意地要你承担什么，但你却可能不断地为自己增加负担，导致心态越来越沉重，直至感受不到生活的乐趣。

从心理学的角度来讲，我们每个人的内心深处都有敏感之处，需要通过自己的努力克服这种心理上的不足，获得快乐的生活。

用轻松的心态看生活

有很多人，他们沉浸在过去的一些小事中不能自拔。其实，那只是一些很小的事情，比如一次工作中的失误，一次表白之后被拒绝，一次与别人的不经意的误解……这些小事是如此的无足轻重，以至于别人早把它们忘记，但只有他们自己，还在念念不忘。

所以，要学会用轻松的心态看待生活，不要对世界充满敌意，不要觉得一件事搞砸了就再也没有挽回的机会了。生活的路上本来就充满着各种坎坷，要学会宽容才能得到快乐。如果你总是记住生活中不好的那一面，那你就无法快乐地生活。

改变不了别人，就改变自己

要知道人和人相处的过程中总会有很多自己意想不到的事情，我们不能要求所有的人都按自己的想法去做，但我们可以改变自己的一些想法，以适应别人。比如你可能不喜欢有些人在办公室里聊天说笑，可是既然改变不了他们，不妨尝试着去听他们在讲什么，尝试着与他们一起说笑，或许你会发现心情不再像以前那样糟糕。又比如你非常不喜欢一个人，无论怎样都没办法和他（她）好好相处，但又必须每天见面，与其一直继续对他（她）持不欢迎态度，不如尝试着去发现他（她）的优点，或许你会发现他不再像以前那样可恶。

人无完人，世界因为不完美而完美，学会宽容别人，你的心情会更好。

用爱去强大你的内心

你可能还不曾爱过谁，这就是你敏感、忧虑、容易受到伤害的原因。爱是每一个人的心灵港湾。心理学家认为，缺乏爱、缺乏归属感的人是容易受到伤害的，因为他们的内心没有抵御能力。学会去爱，得到爱，会让你的内心更强大。

8. 印第安人的启示
——排解心理压力

有一位欧洲的探险者到南美的丛林去探险，为了穿越一片雨林，他雇了两个当地的印第安人做向导。

穿越的旅程十分顺利，几乎没有遇到什么麻烦。走到第四天的时候，眼看着就到森林的边缘了，但两个印第安人却说什么都不走了。探险者非常不解地问："为什么？"

其中一个印第安人回答说："在我们印第安部落自古以来就有一个规矩：旅行三天之后必须要休息一天，这样才能让灵魂跟得上我们的脚步！"

听到这个故事之后你有什么感觉？你的灵魂跟得上你的脚步吗？

现代生活的特征之一就是快节奏、对金钱不知疲倦地追求，把我们压得喘不过气来，使我们很难有放松的机会。

长期的紧张生活会导致"心理亚健康"。具体表现在：

对生活失去兴趣，热情减退，容易紧张、焦虑，易疲劳。

常有疲劳的感觉，且不易恢复，无精打采。

情绪不稳定，易怒、易冲动，有时会出现抑郁情绪；甚至求助于吸烟或酗酒来放松自己，使自己染上一些不良的生活习惯。

身体上的表现也是明显的，血压升高、失眠多梦、忽冷忽热、免疫功能失调等。有研究表明，长期的压力过大与心脏病、胃肠道疾病、神经衰弱等多种疾病有关，是许多疾病的诱发因素。

有时，虽然身体机能虽然还没有出现明显的病症，但已经潜伏着各种程度不同的致病因素。处于健康与疾病之间的“灰色状态”，一旦处理不当，就很可能会转变为严重的疾病。

生活中经常遇到一些朋友，他们为了财富、地位，不惜牺牲自己的业余时间，没有娱乐、没有朋友，与家人很少交流，把自己的神经搞得十分紧张。

我们应该注意，过高的压力不仅会损害心理平衡，使人变得紧张、焦虑、烦躁等，还会损害你的生理健康，出现失眠、多梦、易感冒、身体虚弱等亚健康情况。

下面的这些情况都是压力过大的表现，看你是否有类似的情况出现：

- 对什么事情都提不起兴趣。
- 身体乏力，容易感冒，且不易治愈。
- 失眠，不易入睡，即使睡着了也是多梦。
- 爱发脾气，易怒，喜欢迁怒于他人。
- 经常有头晕、头痛的感觉。
- 稍有一点不顺心就会生气，烦躁不安。
- 有很重的烟瘾。
- 不愿与人交往。
- 喜欢加班，少有娱乐，周末也是如此。
- 经常口腔溃疡。
- 食欲不振。

- 看电视不停地换台。
- 舌头上出现白苔。
- 平时很少笑，经常心情不佳。
- 家庭生活不和谐，缺乏亲密接触。
- 容易冲动，做事不计后果。
- 经常心情低落，情绪不振。
- 早晨起床时总有一种睡不够的感觉。

……

那么，面对生活的压力，该怎样调整自己，才能摆脱心理亚健康状态呢？不妨从以下几点去尝试一下。

制定合理的生活目标

如果把目标定得过高，不仅难以实现，还会给自己造成巨大的压力。所以，要改变那种为了达到目的不惜以身体为代价的生活方式，规划人生的时候要考虑它的现实性，避免用“应该做到”“必须做到”等词汇来规划自己的人生，根据自己的实际情况选择发展道路。

要学会自我放松

张弛有度，才能厚积薄发。养足了精神，才能更好地工作。要学会放松，放松的方式有很多，如散步、慢跑等，周末出去旅游，平时听听音乐，都是很好的放松。当你放松后，就会发现自己又可以精神抖擞地重新投入工作了。

要注重亲情，注重友谊

家是最温暖的避风港湾，在任何时候都不要忽视家。有的人整天忙东忙西，忽视了亲情，结果使自己失去了爱人的支持，失去了亲人的鼓励，他只会越来越孤独，甚至不知道自己在为什么而努力。朋友会在你寂寞的时候为你带来安慰，在你无助的时候为你带来帮助，要珍视友谊，它是人生不可缺少的一部分。生活因为有爱而变得滋润，因为缺乏爱而变得苦涩。享受亲情，呵护友谊，你的人生体验会更完整，更丰富。

要进行合理的宣泄

感到压力过大时，不要压抑自己，在没人的地方大吼几声，参加一场激烈的体育比赛，甚至是大哭一场等。合理的宣泄，可以释放不良情绪，让自己重归平静。

要注意健康饮食

要多吃纤维性食物。植物纤维是天然“清洁工”，可以把体内各种有害的毒素带走。淀粉类的食物里含有复合性碳水化合物，有助于放松心情。此外，多吃蔬菜、水果，都有助于缓解身心的疲劳。

第六章　你并不平凡

——释放你的潜能

1. 积极的心理暗示
——激发你的潜能

时常有人垂头丧气地对我说："耿老师，我好笨，我一无是处，这些年来一事无成，我总觉得周围所有的人都比我强。一看到他们我就害怕，觉得自己比不上他们。现在我每天都心情糟糕，连出门都不好意思了，我是不是没救了？"

每次遇到这样的朋友，我都会对他说：

"现在，请你坐好，挺起胸膛，然后大声地说一句：'我很好，我很强，我一定能够做到'。"

一开始，他们都是将信将疑的，不知道我为什么要他们这样做。不过碍于我心理咨询师的身份他们还是照着做了，一开始只是用很小的声音说，几乎只有他们自己能够听到。但在我的鼓励下，最后用震人心魄的声音说："我能够做到！"他们自己都不相信自己可以这么大声地说出这句话。

这些朋友因为长时间怀疑自己，以至于说话的勇气都快没有了。通过这样的练习，可以帮助他们重新认识自己，发现自己的能力。

➲ 大声地喊出来：我能行

心理学家认为，人的思维、情感、认知等心理功能是接受各种暗示的。换言之，积极的自我暗示可以改变你的信念，让你生活充满阳光；消极的心理暗示却可能破坏你的心理机能，削减你对自己的信心，给你的生活蒙上一层阴影。

心理学家汤姆斯曾经遇到一位向他求助的女士，这是一位家庭主妇，她因为不堪忍受邻居家割草机的声音，变得有些神经质。一听到一点声响，就会紧张不止。邻居停止割草之后仍无法摆脱。面对这种情况，汤姆斯对她说：“不要再考虑那些割草机了，想象一下你正坐在一片草地上，周围有绿树、青山，有小河，有各种自然的声音，比如鸟叫、风声、流水声等，想象你正在看着它们，聆听它们，看看会发生什么？”那位女士按照他的要求，闭上眼睛，努力地去想那些画面。过了一会，这位女士惊奇地喊道：“真的，我好像真的看到、听到了它们。”从那以后，她平静下来了，满脑子隆隆的割草机的声音消失了。

人的思维与大脑是拥有很大的潜能的，其中蕴含的能量超出我们的想象。据研究，普通人的大脑细胞只有 10% 得到开发，也就是说，还有 90% 处于沉睡，或未被唤醒的状态。唤醒它们的办法就是多用积极的信息去暗示自己。

积极的心理暗示能够改变我们，这是因为暗示的这些积极信息能够进入到我们的大脑，影响我们的思维、认知功能，把我们的身心调动起来。我们都知道，身体是受神经、心理控制的，当我们的内心发生变化的时候，我们的行为、言语、各方面的表现都会发生变化。

对于前面那些失去信心的朋友来说，当要求他们不断地进行自我强化练习时，他们的信心有了显著的增加。

我们常常在生活中看到很多人，抱怨生活中的每一件小事，每一次不平等的遭遇，结果他们的生活也如同他们抱怨的一样，毫无乐趣可言。但有些人总是很阳光，总是告诉自己：“生活很好”“我可以做到”，这样，他们的生活也总是如他们所愿，比一般人更容易实现目标。这是不同的心理暗示带来的不同结果。

所以，一定要学会用积极的信号去影响自己。积极的信号包括乐观、自信、通达、开朗、热情等，消极的信号包括犹豫、焦虑、恐惧、愤怒、失控。多给自己积极的心理暗示，你的生活将会发生改变。

要多看到事情好的一面

有一个故事：有一个人每天早晨都对自己说："我是健康的，我今天很快乐。"他果然就变得健康、快乐了。而另外一个人则整天对自己说："我怎么总是这么差，我是不是真的不行了？"结果，越是怀疑自己，他的生活就越糟糕。遇到事情不要总往坏处想，因为这样做的次数多了，消极的暗示就会进入你的潜意识，影响你的行动，破坏你的生活。所以人们常说的"好事成双，厄运连连"，是有道理的。

多用积极的话与自己交谈

经常用这样的话语对自己说话：

"今天我的状态很不错。""今天的事情很让我满意，下一次会更好。""我是有潜力的，我会做得更好。"……

多肯定自己

如果一个人总是对着镜子说自己很美，就会发现自己越来越漂亮，这就是暗示的力量。美国著名小说家、专栏作家杰克·霍吉说过："如果我们总能够积极地暗示自己，我们将会发现我们能够取得的成就将远超出我们的想象。"因为在积极地肯定自己的同时，那些积极的信息会灌输到你的潜意识当中，你就会远离那些消极思维的影响，潜能会被释放出来，调动你的身心，帮助你实现目标。

如果学会了运用暗示的力量，会让你获得幸福生活。

2. 人择原理
——你的选择决定了心情

一位哲人说过："你的选择决定了你的心态。"

在生活中，虽然我们不能控制自己的遭遇，却可以控制自己的心态；不能改变别人，却可以改变自己。人与人之间并无太大的区别，真正的区别在于心态。改变了你的心态，就等于你掌握了成功的钥匙。

有一个人，原本在一家大公司工作，工作稳定，受人尊重。但他因为不甘寂寞，不想每天重复单调的生活，他渴望成功和不平凡，于是辞职出来创业。他开了一家网店，投入了大量的时间和精力，但是时运不济，无论他怎样努力，有人退货、有人差评，把他搞得焦头烂额。在这时候，他的妻子对他也产生了怀疑。因为他把家里的钱都拿去做网店了，每天都扑在网店上，回家的时间很少，又见不到回报，给家庭经济带来了很大的压力。

在这个时候，他感到很困惑，不知道自己该怎么走了。

他的信心动摇了，不知道是不是该坚持下去。

心理学里有一个原理叫"人择原理"，意思是说，你选择了什么样的生活，生活就会向怎样的方向发展。

比如，你在学英语，有很多新的词汇，学起来很累，你感到自己力不从心，想放弃了。如果你选择了放弃，那么这件事情就会朝失败的方向发展。

又比如，你在跑步，离终点还差几百米了，你感到很累，想放松一下，如果你选择了放松，那么你就可能越来越疲惫，结果就很可能坚持不到终点。

又比如，你在学一门新的技术，感到很累、很难，觉得自己难以把它学好，在这时候，如果你放松了，那么你就会发现它越来越难，真的可能学不会了。

但是，如果你做了另一种选择，可能有不同的结局。

比如，你鼓励自己，再坚持一下，结果你就可能以胜利者的姿态冲过终点，或者把今天要做的事情做好，把要学到的知识学好了，掌握了一门新技术。

当你做出一个正确的选择时，这个选择会影响到你的心情，影响你对生活的态度，进而会调动你的智慧、认知、身体等各方面的能力，获得一个全新的状态。

古往今来，许多人之所以失败，究其原因，往往不是他们本身能力不行，而是当他们在面对困难时做出了错误的选择。正确的选择会给你带来一种积极的力量，带来一种上进的动力。当你做出错误的选择时，带来的是消沉和自我否定，使全身心的能量衰减。

前文提到的那位朋友经过长时间的反思，终于找到了自己经营网店中的错误，解决了客户抱怨的问题，积极重新调整。当他再次与我联系时，他已经走出了困境。

所以说，选择很重要。

要积极地行动起来

心动不如行动。虽然行动不一定会成功，但不行动则一定不会成功。当你对自己感到困惑时，一定要做出选择，并尽量做出正确的选择。正确的选择就是根据你自身的能力、现实条件，选择最适合你的目标。目标也许并不宏大，但是很现实，能够改变你切实的处境。由这些小的目标开始，积少成多，就可以实现更大的目标。

别把挫折当成是最后的结果

每个人的一生，难免都会遭受很多挫折和失败，所不同的是失败者面对挫折的时候把它当成是最后的结果；成功者则是从不言败，在一次又一次的挫折面前对自己说："我不是失败了，而是还没有成功""我还有机会，只是一时没有做到而已。"一时失败不是最后的结果，但如果失去了继续战斗的勇气，那就是真输了。

要有一颗淡定的心

人生不可能一帆风顺，有成功，也有失败；有开心，也有失落。如果把生活中的起落看得太重，那么你就会背上沉重的心理包袱。对生活我们应该持一种坦然的态度，一时得不到也不要太过忧愁，拥有一颗平常心，才能让你以最冷静的方式看待生活，反而容易把握住生活中的机会。

不要自寻烦恼

终日烦恼的人，往往不是因为经历了很多不幸，而是因为他们多愁善感的内心世界。他们的内心本来就是忧愁的，他们会把任何一件小的事情放大，并且深陷其中。要记住一点：人的烦恼往往不是外来的，大多是自寻烦恼。忘掉你的烦恼，你将获得快乐的心态，你的能力也将因此得以释放。

总之，请记住：生活任何时候都是可以选择的，积极或消极全凭你自己。

3. 自我强化
——培养好的习惯

好的生活习惯是由我们的思维、感知等受到不断强化时所形成的一种心理与行为定势。良好习惯的形成在于生活中不断地坚持，让自己的行为和心理形成条件反射。当形成条件反射时，它们就会变成一种稳定的、自发的、内在的需求。

形成好的生活习惯，可以让我们的生活更有规律，行动更有效率。但是如果缺乏好的生活习惯，就可能变得懒散、缺乏目标，失去改变生活和命运的能力。

改变自己的不好习惯，形成好习惯并不难，关键在于自我强化。

比如，如果你有睡懒觉的习惯，想改变自己，那么该怎么做呢？

当你赖在床上的时候，可以不必一下子坐起来，因为习惯已经成自然，想一下改变很难做到，可以先给自己一个宽容的空间，让自己再“小睡”一会儿，当然，这种小睡可不是呼呼大睡过去，内心不可缺少这样的默念，要告诉自己：

“再睡一小会儿——不过，我要醒过来。”

这时你可能仍然感到眼皮很沉重，睁不开眼睛。

不过不要紧，再试一次，尽管你的心里仍然是抵触的，但不要停止这样的默念。因为马上就会“苦尽甘来”。刚才一系列的活动已经起作用了，只是你还没发现，你的身体已经受到暗示，已经开始准备好“发动”。

不断地重复它。

直到某个时刻，你会突然惊醒过来。

反复经过这样的过程，你的坏习惯就会改变，好习惯就会形成。

生活中可以按照以下的办法去做，以便改掉坏习惯，形成好习惯：

坚持自己的行为

如果你想养成一些好的习惯，就要坚持自己的行为。好的习惯在于坚持，不好的习惯源于松懈。比如你想每天都花十分钟锻炼身体，那么不管多么忙，都要提前准备出来这些时间。如果你有一次松懈，那么这种松懈的感觉就可能会传递到你的内心，影响到你后面的表现。

提前安排好时间

要做什么事情，一定要提前安排好时间。比如你想每天锻炼身体，那么提前一天想一下你打算在明天的什么时间锻炼；可以提前几个小时想一下你今天打算做哪些运动，是跑步、游泳，还是在家里举哑铃。提前计划，会给自己的大脑一个积极的提示，让你知道在什么时间该做什么事情，避免临阵抱佛脚，时间不够用不说，心理和身体也没做好准备。

不要沉迷于那些琐碎的小事

有的人总是把时间花在一些无聊的小事上，比如不停地玩电子游戏、看无聊的电视剧等，这些行为既会消耗你的时间，又会消耗你的精力，破坏你的专注性。把时间留给那些重要的、有创造性的工作，把琐碎的事务放到一边，回头再处理。

尽量不要与无聊的朋友缠在一起。如果你本来就很忙，又突然被一个不速之客造访，这时该怎么办？没关系，直率地告诉他，“我现在很忙，可否回头再聊”，如果你有诚意和决心，他们会体谅你的。

每一天都要检查自己

每一天都要检查自己是否做到。比如，你正在减肥，锻炼身体是每天都要做的事情，但是如果有一天你突然萌生了懒惰的心理“今天不做，明天补上吧”，那么你积累起来的心理上的定势就可能被释放，很久以来形成的好习惯也可能就被放弃了。所以，一定不能够放松。

每一天都要检察你的行动，一旦发现松懈的迹象，要马上告诉自己“不能放弃”，这样日积月累，就会有很大的改观。

不要小看这些平常的举动，它们是一种切实的行动，能够在无形之中调动你的身体与意志，让你的行动坚定起来，思维活跃起来。在不知不觉之中，好习惯就会形成，你的生活也会发生改变。

4. 走出心理阴影

——一次失败不等于失败一生

在人生道路上，每个人都会遇到失败，但能够走出失败的心理阴影，不让它一直影响自己的人都成为了成功者。

一位女孩子自述说：

在几年前，我的个子比较矮，外表也并不出色，但性格比较可爱。当时有一个男孩子很喜欢我，经常给我发短信，说我性格可爱，是他喜欢的类型，要我和他做朋友。其实那时我根本不懂做朋友是什么，他对我也很好，和他在一起有一种安全感，这样，我们俩就经常在一起。可是，这件事被他父母知道了，他父母坚决反对我们交往，说我太矮，配不上他。他没能顶住父母的压力，与我分手了。

没想到他会那么容易退缩，因为这件事，我很伤心。

很多年过去了，我的心仍然笼罩在这件事的阴影中。从那以后，总担心别人说自己身高不够，其实后来我的身高长了不少。

工作中我认识了一个男孩子，他对我也有好感，帮助我分担工作中的压力，总是照顾我。这时，从前那种被人嘲笑的感觉又来了，和他在一起，总觉得好像有人在谈论自己。因为他很高，长得又帅，还觉得自己有些配不上他。我很想谈恋爱，但又总是担心公司里其他的同事会对我们品头论足。

这样的担忧让我每天的心情都很紧张，都没办法安心工作。

心理学家认为：人人都有心理阴影。

心理阴影就是过去发生的那些不愉快的事情，一直影响我们到现在，使我们形成了害怕失败的心理定势。

心理阴影就是那些让我们感到失望、不愿意面对的东西。但对于生活来讲，越是不愿意面对的东西，就越需要放下包袱接受它。

切记，你越是害怕的事物，往往越容易给你造成伤害。任何心理阴影都是可以消除的，只要你秉承坦然面对的道理，你就能够消除心理阴影，赢得全新的自己，获得幸福与成功。

什么事情都会成为过去

要相信，任何不幸的事情都会成为过去。闭上眼睛想象一下，你来到海边，海浪轻轻地拍打着海岸，阳光明媚，一切看上去都那么美好。然后，想象着你取出一个漂流瓶，把写着你所有烦恼的那张纸放进去，然后扔进海里。然后开心地转身离开这里，是不是有瞬间烦恼尽消的感觉？

当有不快乐的事情一直围绕着你时，你需要去放下它，要保持对自己的信心，这样才能够取得成功。

时刻想起你成功、幸福的那一面

经常关注自己的优点和成就。如果总是想着自己的缺点和失败，你当然会越来越没信心，会把自己看得越来越不如别人。每个人身上都会有许多优点和成就，拿出一张纸，至少写出五个优点和五项成就。你可能会说："我从来没有过任何优点。"不要怀疑，努力去发掘，你总会找到自己的优点，比如体贴、有耐心、善于观察、有洞察力等。在从事各种活动时，如果感到自己有些犹豫了，请想起自己写下的这些优点，你就会感到自己其实一直是很优秀的一个人，这会提高你做事情的成功率。

及时释放负能量

不要独自承受着一切压力，与朋友分享你的难过、你的不愉快，这会让你舒服一些。如果你觉得难以启齿，那么可以找一个空旷的地方，大声地喊出来，你需要把一些负面的能量释放出来，只要释放出来了，你就会打开心结，获得快乐生活的勇气。

学会把不快乐的事情抛在脑后

每个人都应尝试去忘记痛苦的事情。切记一点，任何不快乐的事情都会成为过去的，要学会去忘记。你越是念念不忘，它们就越余音绕梁，挥之不去。

5. 海伦的故事
——没有什么可以阻挡你的幸福

如果说有什么能够阻挡你的幸福和快乐，那就是你对获得幸福与成功的怀疑。

生活中常常有人抱怨：

- 我好像很笨，做什么都不行啊。
- 我真的能行吗？我觉得自己不可能做到。
- 我不是一个有天赋的人。不可能取得像别人一样的幸福和成功。

……

在生活中，很多人都有这样的想法。他们害怕挑战，觉得自己不行，对自己有深深的怀疑，不过据我的观察，他们本身并不是真的缺乏能力的人。

他们有的是条件出众，曾经被认为与众不同的人；有的甚至是名牌大学毕业的人；很多还是在别人眼中已经取得了相当的成绩的人。他们仅仅因为一点小的挫折，就对自己产生了怀疑，比如一次考试的失败，一次工作的没做好，或者一次恋爱的失败，等等。

美国女作家海伦·凯勒，在出生后不久就被猩红热夺去了视力和听力，此后没多长时间，她又失去了语言表达能力。然而即使是在这黑暗而又寂寞的世界里，她也没有放弃。在老师安妮·莎利文的帮助下，她用顽强的毅力来克服生理上的残疾，通过坚苦的自学，她学会了读书和说话；她还学会了下棋、骑马、滑雪，以及戏剧表演；她上了大学，并以优异的成绩毕业于美国拉德克利夫学院；最终成为一名掌握英文、法文、德文、拉丁文、希腊文五种文字的著名作家和教育家。她走遍美国和世界各地，以自己的经历鼓舞那些残疾人，以及虽不残疾但丧失信心的人，得到了世界各国人民的赞扬。

可以说，如果有什么能够阻挡你获得幸福，那么这个阻挡者就是你自己，因为缺乏对自己的信任，使你失去了成功的机会。

可以尝试着按照下面五个步骤去做：

第一步，直面自己的畏惧情绪

当我们遇到困难的时候，常常会产生畏惧情绪，总想着逃避。其实，有畏难情绪是很正常的事情，但成功者的选择是面对自己的恐惧，努力摆脱困境，而失败者的选择却是顺从它，被它所控制。直面自己的畏难情绪，你就会发现它很快就会消失，你又会产生努力的勇气。

第二步，回归理智——考虑下一步该做什么

当我们能够摆脱畏难情绪，让自己重新平静下来的时候，下一步就是要去考虑该采取怎样的行动。摆脱困境仅有勇气还不够，还要拿出具体的方案，让自己重新回归理智，想想该怎样做，去规划你的行动方案。

第三步，明确目标，并付诸行动

一旦想清楚了该怎样做，就要下定决心，付诸行动。不要用那些空洞的口号激励自己：“我打算多进行一些体育锻炼”，或“我计划多读一点书”，而应该列出行动的细节——“我打算每天早上步行20分钟”，或“我计划一周中一、三、五的晚上读一个小时的书”。

第四步，坚持——鼓励自己不要放弃

在行动的过程中，畏难情绪可能会再次控制你，甚至可能会让你产生放弃的念头，这时，就要鼓励自己：“坚持，再坚持”，然后你就会发现自己的行动会越来越坚定有力。

第五步，乐观——以迎接挑战为乐

意志力的培养，还在改变你的内心。如果把挑战困难看成是一个苦差事，那么就很难坚持太久；但如果把迎接挑战看作是一项快乐的事情，那么你就会乐此不疲。

总而言之，如果想取得成功就要提高自己的信心，如果你决心锻炼，那么即使是天下着暴雨，也可以在室内照常锻炼；如果你决心去做一件事情，不管感到怎样艰难，都要坚持下去，这样，你不仅收获了坚强的意志力，也必然会收获它的馈赠品——成功！

6. 做好自己的事，你就有机会

读者来信：

我是一个特别没信心的人，常常因为一点小事自责，觉得自己一无是处，特别在乎别人的评价。

昨天我和老公一起去逛街，逛街的时候我看上了一件衣服，我穿上以后，问他怎么样，他回答："很好看。"但是我觉得他说得很不经意，我就要他再说一遍，他又回答："真的很好看。"我还是不满意，还要他再说一次，这次他不耐烦了，对我说"你对自己一点信心都没有。"

生活中我就是这样，缺乏信心。

比如早上上班，坐地铁的时候错过了一班车，我就会想："好倒霉，我真没用，这么小的事都做不成。"

到了公司，看到同事之间愉快地打招呼，我又会想："我要是能像他们一样大方热情就好了。"

工作的时候总担心有事没做好，总担心领导会找自己的麻烦。

生活中我是一个特别在意别人看法的人，如果我做的事情遭到别人的质疑我就无法释怀。平时我也总会想："他们是不是不喜欢我？""如果他（她）不喜欢我怎么办。"

我总希望从别人那里得到肯定，如果不能实现，就会更消极。

老公对我很关心，总是送我小礼物，和我一起出去玩、看电影什么的，但我还是不满意，总觉得他不够爱我。

我就是这样没信心，总觉得自己什么也做不到，各方面条件都不行，我该怎么办？

心理学里认为，人的消极情绪往往是对自己过多的否定造成的。这其中主要原因，是因为你“与自己对立”。“与自己对立”意思是说，当你希望肯定自己的时候，内心里又出现另外一个声音，对自己说不行。

比如在别人面前，你本来觉得自己应该很大方，但这时偏偏又有一个声音对你说：“我不行，不要去尝试。”

比如做一件事情，你本来要成功了，你很高兴，但又有另外一个声音对自己说：“不再试了，你不会成功的。”诸如此类。

人的消极的心理往往不是于来自于另外的评价，而是来自于你内心对自己的怀疑。

所以，当你发现自己不敢肯定自己时，不妨按照以下办法去试。

停止与自己对立，多对自己说肯定性的话语

停止对自己的不满和批判。有些人，不管做了多少事情，仍然对自己持怀疑态度。从现在起，停止对自己的挑剔和责备，要学习站在自己这一边，相信自己具有生命的价值和尊严。

多用正面的话肯定自己，比如：

我这次一定可以做好。

我可以表现得很大方自然、不再羞怯。

我有很多朋友，再不孤独。

我能保持高度的注意力，不再分心，直到把事情做成功。

不论有什么样的负面情绪，我都选择积极地正视它，我将从中了解自

己存在的问题，并给以建设性地解决。

……

不再逃避自己的负面情绪

人在不顺意的情况下，会有各种各样的负面情绪，有沮丧、愤怒、焦虑等，不管是沮丧、愤怒还是焦虑，都坦然接受它的存在。当接纳了这些负面情绪的存在时，你会发现事情并没有那么糟，会重新恢复平静，平静的思维会帮助你找到另外的解决问题的办法。

无条件地接纳自己

心理学家曾经做过一个实验，他们横起一根有一定高度的竹竿，但普通的人只要稍微用力就可以跳过去。然后挑选了一些参加实验的人，要他们尝试着跳过去。但是在跳之前，要求其中一些人对自己说："我能做到，我能跳好的。"对另外一些人并没有这样的要求。结果，那些被要求肯定自己的人，大都能够跃过这根竹竿；而那些没有说这些肯定自己的话的人，则在竹竿之前畏手畏脚，不敢尝试，甚至被竹竿绊倒，能够顺利跃过竹竿的人寥寥无几。

我们每个人都会有一种怀疑自己的倾向。当我们试图挑战自己的时候，总有另外一个声音在对自己说："你真的行吗？""你真能做好吗？"……这样逐渐习惯于用挑剔的目光看待自己，因此背上了沉重的心理包袱，很多事情无论怎样都无法做到完美，越看自己越觉得缺点多。

要学会做自己的朋友，学会对自己宽容，人的能力会因为你对自己的肯定而增强，也会因为对自己的怀疑而减弱。

接受并且关心自己，无条件地接纳自己的一切。不论有什么优点和缺点，首先选择无条件地接纳自己，这样你的潜能就会释放出来。

吸取经验教训

要从失败中吸取教训，那么，错误就会成为我们的老师。从修正错误中学习是学习的主要方式之一。尽可能的修正自己，直到取得成功。

记住一点，只要你保持专注，相信自己、肯定自己，把自己的事情做好，就可以发挥自己的潜能，实现你期望的目标。

第七章　职业调节术

——职场心理健康

1. 放弃苛责
——学会与别人合作

减少对别人的苛责，会让你和别人的相处更加轻松。

心理学家们一直在调查这样一个问题：人与人之间怎样才能达到最佳的相处效果？经过许多调查，结果发现，那些性格偏激、容易对别人发脾气的人，往往人际关系很差。

这是不是很符合我们的常识？

有一次，一位年轻人急冲冲地来找心理学家布朗，他满面通红，情绪激动，几乎是喊着对布朗说："我遇到麻烦了，在公司里，每一个人看我的眼神都很奇怪，我觉得他们好像不喜欢我。我该怎么办？"

然后，不等布朗说话，又生气地说："您看，他们是那么的苛刻，跟他们在一起我想说句话都不容易，要知道，我可是真诚地想和他们沟通的。我每次说话的时候，他们都没耐心听我把话说完，经常打断我，还挑我的毛病，我不知道怎么就让他们不满意了。我现在是一点办法都没有，您有什么办法帮助我吗？您一定会有办法帮助我，因为，我知道您是一名优秀的心理学家。"

他谈着自己在公司中是如何受到冷遇，滔滔不绝地说了很久，释放着自己的不满，布朗没有机会插一句话。

看到这里，布朗已经猜到了问题所在。他静静等着年轻人把话说完，看到他终于恢复平静、停止说话，才不慌不忙地说："你现在还有什么话要问吗？"

年轻人长出了一口气："没有了，布朗先生。"

布朗回答："好的，如果每次坚持用平静的语气说话，那么你一定会受到欢迎。"

年轻人恍然大悟。

有几位年轻人，一起合作搞项目，即使工作最艰辛的时候，他们都不计较自己的得失，同心同德，终于击败了竞争对手，争取到了项目。

不过，在开始实施项目时，出现问题了。具体地说，就是大家不再有从前那种相互谅解、相互关怀的心态，不再考虑彼此间的需求，而是总认为对方没有努力，没有为自己着想，给自己带来了很大的麻烦。

他们常常责备对方不用心，把过重的任务推给自己；责备对方不够投入，不肯像自己一样努力工作，总之他们为一些小事争执不休。结果，他们没办法共同工作，项目没能按期完成，造成了严重的损失。

其实，生活中像这几位年轻人的情况是很常见的，我们因为相互宽容而成功，因为相互指责而失败。

"投之以桃，报之以李"，人与人之间讲究共赢的关系。大家在一起做事情，不仅自己要有收获，还要让每个人都有收获，不能总是抱着批评、挑剔的态度去要求别人，那样不仅不会获得良好的人际关系，还会把给别人的好印象消磨掉。

那么，怎样才能够实现合作共赢呢？

要学会让步

有一次，有一个人问我国清朝著名"红顶"商人胡雪岩："你父亲是不是教了你一些赚钱的秘诀，让你如此成功？"结果胡雪岩说父亲什么也没有教过他，这个人觉得很吃惊，认为这根本不可能。于是胡雪岩接着说："父亲只教了我做人处世的道理。他跟我说，你和别人合作，假如你有七分道理，那你讲六分就可以了，如果你取得的太多，别人得到的就会少，你们的关系就会不融洽。"这样，每个与胡雪岩合作的人都得到了超乎他们意料的收获，都很开心，更多的人愿意和他合作。所以，不要纠缠一点点的小事情，不要一叶障目，不见森林，要有长远眼光，要学会让步。

要胸怀大度，会分享成功

将一个苹果平均分成两半，给两个人，每个人得到的只有半个苹果；可是，如果把一个人的快乐分给两个人，那么这份快乐就会加倍。分享自己的快乐，你会得到真诚的回报。即使是你的功劳最大，那么也不可独占，要胸怀大度，愿意分享，这会让人更愿意与你共事。只想着独吞荣耀，就会威胁到别人的生存空间，会让人远离你、戒备你。

人们常说："人们可以共患难，却不可以共成功。"也许是因为成功总是来得太过艰难，所以当成功到来的时候，许多人被胜利的喜悦冲昏了头脑，只想着自己，忘记了别人。这会让曾经帮助过你的人远离你。没有人能够独自取得成功，在取得成功时，要感谢那些帮助过你的人，让他们与你一起分享荣耀，这样他们才愿意帮助你取得更大的成功。

试着从对方的角度考虑问题

学会从对方的角度考虑问题，你就会理解别人的许多看起来不可理喻的行为。如果总是看到对方的缺点不放，从不宽容，你就无法摆脱敌对的状态。了解别人，关心别人，适度地让步，是最好的解决办法。

尊重对方

你越是冷眼相对，一脸严肃，你与别人的关系就越是紧张。也许对方的话确实没有道理，你不喜欢，但不要急于反驳，等他把话说完，你的尊重常常会换来对方的让步。若对方一开口你就急于反驳，常常是越来越僵，无法解决问题。

尤其要避免把自己的观点强加给别人，因为每个人都有自己的想法，如果总是要别人听从你，即使你是善意的，也会被人误解为你是一个以自我为中心的人，并且失去信任，失去朋友。

坦率、自然

十全十美那是神，是凡人都会有不足之处，即便你再小心，也会有人看你不顺眼。如果你整天被同事、朋友之间的麻烦事搞得心烦意乱，不妨尝试着坦率面对这些问题，不掩饰、不较真，不仅会让你感到轻松，反会因为你的真诚而赢得朋友。

2. 消除怨气

——坏脾气会把别人吓走

从前，在一个水池里，住着一只坏脾气的乌龟，他和来这里喝水的两只大雁成了好朋友。有一年，天旱了，池水干涸了，乌龟没办法，只好决定搬家。它想跟大雁一起去南方生活，但它不会飞。于是两只大雁找来一枝树枝，叫乌龟咬着中间，他们各执一端吩咐乌龟不要说话，就开始往南飞。

他们飞过翠绿的田野，飞过蔚蓝的湖泊。地上的孩子们看见，觉得这个组合很有趣，拍手笑起来："你们看呀那只乌龟很滑稽啊。"乌龟本来得意扬扬的，听到嘲笑后大怒，就想开口责骂他们。结果嘴一张开，就掉了下去。

很多人都有发脾气、冲动、控制不住自己的经历，坏脾气一上来，几乎什么都忘记了，别人对自己的规劝、自己一贯坚守的戒律，都忘记在脑后了。可是，一时的爽快之后，得到的却可能是更多的后悔，发过脾气后，才发现事情变得更糟糕了。

作为职场人士，每天接触最多的恐怕就是自己的同事了，工作中难免发生磕磕绊绊的时候，那么如何才能舒心地在办公室工作呢？

心理学家认为，人人都会有冲动，但冲动是"魔鬼"，它伤害着很多人。可以按照以下几步去改变自己。

第一步，转移

将注意力转移到此时你最想做的事情上去，这时你会发现心情马上有所改善。比如换一个环境，一旦离开了原来的环境，你会发现原来让你失控的因素似乎减少了很多，发现控制自己并不难。

第二步，弱化

发现自己情绪上来时，试着做几次深呼吸，然后告诉自己："我要平静，我要平静。"这时，你会发现自己的心情会好很多。有的人在心情不好的时候往往会夸大事实，他们会觉得："这件事情没办法改变了""已经不可能再有什么改观了""就是这个样子了"，结果是他们的心情变得更糟糕。

有的人习惯于把烦恼的事情放到一起来解决，以为这样可能会有所改变，但实际上因为多而乱让他们更加烦恼。正确的做法是把这些事情分开，把它们各个击破。不要把这个烦恼与别的烦恼联系起来，也不要夸大事实，给自己增加更多的烦恼。

第三步，主动解决

在解决冲突时，除了要有一个坦诚的态度外，还要有宽大的胸襟，要相互包容。古人说："君子坦荡荡，小人长戚戚。"如果气量狭小，处处流露出不理解、不合作的态度，那么就不会与别人达成一致，更不用说能建设性地解决冲突了。"态度决定一切"，以相互包容的态度处理与别人的不愉快，赢得支持和理解。

主动去询问与倾听。因为倾听能激发对方的谈话欲，促发更深层次的沟通，深入了解对方的立场及其需求，消除彼此间的误解。

第四步，体谅

对别人的错误要持宽容和体谅的态度。体谅别人也是在宽容自己，不要抓住别人的小错误不放，因为生活中我们都有犯错的时候，时刻保持宽容的心态，这会让你更快乐健康。

第五步，解脱

生活中，我们有时候会钻进牛角尖里走不出来，但实际这大可不必，从更深、更长远的角度看待问题，跳出原有的局限，生活的道路会更宽广。保持一种乐观的态度，让自己从烦恼中解脱出来，你会发现自己的心情会变得更好，生活和事业也会更幸福、成功。

3. 学会自我约束
——表现得要成熟一些

经常见到一些年轻人，他们初入职场，还保留着青年人的稚气，他们的性格天真、可爱，但对职场中的礼仪、规则一点都不了解。他们用简单的心去理解生活，得到的却是冷冰冰的回报，这让他们很不理解。

他们做事毛手毛脚，不懂得谨慎与认真是一种美德。

他们太过坦率，不懂得适度地收敛。

他们还不懂得宽容与忍让的道理，不懂得尊重别人，常常与人争得面红耳赤。

要想受到欢迎，就要像个大人那样去生活。鲜明的性格应该有所保留，表现出来的应该是大方和自然。

平时着装要整洁，不要穿着汗衫、运动服去上班。开会的时候别迟到，不要表现出懒懒散散的样子；与同事朋友交谈时要面带微笑，不要表现出慵懒与倦怠的样子。

与朋友一起吃饭，应该请他们先点菜，即使你是主人也应如此。这样会显得对他们比较尊重。如果一定要你点，也要先征询他们的意见。

待人接物，态度谦和，接送物品的时候要轻拿轻放。

说话要讲分寸，点到即止，不要太鲁莽。如果对别人有什么意见，要委婉地说出来。别人帮助你了，要知道感恩与回报。

拿不准的事要多征询别人的意见，这充分体现出你对别人的尊重，这会使你成为一个心胸开阔、容易相处的人。

尽最大努力做好自己的工作，该自己做的事不要推托。不管做什么事情一定要主动，生活中很多小事，费不了多少力气，可以多做一些，越是勤奋的人，越受欢迎。

……

总而言之，就是要处处谨慎，让每一个接触你的人都看到你积极向上的一面，愿意与你相处。如果掌控不好自己的情绪，在一些小事上处理不当，很可能会让你长期以来苦心积累的良好基础被破坏，让你的生活蒙上阴影。

这些生活中的小事虽然看上去不起眼，但是却可能影响到你在别人心目中的整体形象，所以一定要注意。

用积极的信念填充自己

生活中我们想做一些有益的事，却又缺乏足够的恒心和毅力，这时可以用积极的信念去鼓励自己，只要在心里不断地重复，然后它就会变成你内在的目标，引导你的行动，在生活中引导你去实现它。

预先做好计划

做事之前，预先做好计划。比如在每个周日的晚上把下一周要做的事情提前想一遍，然后把你的工作安排写在笔记本上或者计算机里。对你要做的每一件事情标出它的重要程度，比如重要、一般重要和不重要。优先处理那些重要的事情，次要的事情推迟一下。这样，新的一周开始时，你在做事情的时候就会心中有数，有条不紊。让你的工作更有针对性，更有效率。

不要让坏心情控制自己

如果一不小心陷入坏情绪当中，要尽管摆脱出来。要在心里告诉自己："我能够快乐起来。"用积极的自我暗示让坏情绪消解，让快乐的心情充满你的内心，让自己重新振作起来。

时刻保持整洁

把自己的物品分类归放，不要乱糟糟的扔得到处都是。电脑里的文件分类整理好，分别放在不同的文件夹里，每天下班之前都把第二天要用的东西准备好。这些好习惯不仅会使你节省大量的时间，还能够让你保持愉快的心情。

提前做好知识准备

保持良好的学习习惯。每天看几页书，把自己想到的事情随笔记下来，定期把自己的想法整理出来，避免你在需要用到某种知识的时候却一头雾水。这样做会给你一种充实的感觉，不再感到紧张焦虑。

提醒自己

时常检查自己的行动，不能随意放弃，一旦有松懈的迹象，要马上提醒自己："不可随意放弃，要坚持下去。"把生活中每一件平常的小事做好，日积月累，就会有很大的改观。

不要小看这些平常的举动，它们能够为你的长远目标打好坚实的基础，让你保持一种高效的、积极的状态，调动你的身体与意志，让你的行动坚定起来，在不知不觉之中，生活就会发生改变。

4. 忘掉恐惧
——让别人了解自己

前联合国秘书长安南出生在非洲的加纳，很小的时候就被父亲送到美国上学，住在美国的叔叔家里。他所上的学校是当地的一所贵族学校，在那所学校时，他是为数不多的黑皮肤的孩子。同年级有几个好事的白人男孩儿，总是因为他的肤色欺负他。为此，安南总是非常自卑，不愿意与别人玩耍，每到课间活动时间，总是一个人默默地躲在角落里。

有一次，学校里组织橄榄球比赛，安南也报名了，这是一场激烈的比赛，安南表现得非常出众，他接连投进了几个球，使本队的得分超过了对方好几分。就在这时，那几个白人男孩急了，其中一个男孩趁着裁判不注意，用手肘狠狠地击打了小安南一下，小安南感到一阵剧痛，但是他还是强忍着疼痛坚持完了比赛。

虽然最终赢得了比赛，但安南回到家里，见到叔叔就哭了："我再也不想去那里上学了，我们的肤色决定了我们无论怎样努力，都会低白人一等。"

叔叔问清了事情的经过，鼓励他说："肤色只代表了你的外表，但真正让你受到尊重的却是你的内心。"

听了叔叔的话，安南大受启发。从那以后，在参加学校的集体活动时，他不再像以前一样总是孤独地站在一边，而是努力参加各项活动。大家很快就发现这个看起来很孤僻的黑人孩子其实口才也很好，组织能力也很强，是一个很出色的组织者。

就这样，安南以自己的自信渐渐赢得了大家的尊重。高中毕业之后，他考入了麻省理工学院，获得管理学硕士学位。之后，他进入到联合国工作，凭借着自己出众的组织能力与影响力，他最终当选为联合国秘书长，为世界的和平与发展作出了很大的贡献。

安南因为敢于突破自己而赢得了别人的尊重。在生活中，如果你不能大着胆子表达自己，你就可能失去与别人沟通、交流的机会。

大胆的交往

不要因为自己是新手或太年轻，就害怕与别人交往，越是这样，就越要与别人相处，只有这样，你才能够很好地融入工作，找到属于你的机会。相反，越是逃避，问题就越多。害怕和别人相处，甚至躲起来，拒绝与别人打交道，这是不对的。你越是逃避，别人就越不了解你，你越是大胆，你就越能赢得别人的尊重，这样你的能力就增长得很快，成功的机会也更多。

不要总为一些小事苦恼

生活与工作中的事情，大都是可以大事化小，小事化无的。很多事情，你越是把它当回事，它就越是一个大事，越是觉得没什么，它就变得无影无踪。同事之间相处也是如此，越是揪着一些小毛病不放，关系就越难相处。有一些人，性格比较挑剔，别人对他有一点不好，也要记着很久，这样就很难融洽相处。在生活和工作中，要本着“以和为贵”的态度去处理事情，即使有点不愉快，也要以宽容为先，这样你的人际关系才能处处和谐。

要从小事做起，学会循序渐进

一个人自信心不是天生获得的，更不会一夜建立。自信心是通过小的成功一步步积累起来的。每做成一件小事，我们就会增加一些做事的经验和成功的把握。随着不断地把小事做好，自信心就如盖楼一样，由一砖一石变成摩天大厦。从现在开始学会规划自己要做的事情，使自己知道要做什么，该做什么，从现在就着手去做。

5. 海葵与小丑鱼的故事

——相互付出才会有收获

海葵是海洋里一种十分凶猛的动物，它有很多触角，能够分泌毒汁，接近它的小鱼在瞬间就被麻痹，然后就成为海葵的猎物了。然而有一种鱼类却不怕海葵的触角，这就是小丑鱼。小丑鱼的身上有一层黏液，使它不仅不怕海葵的毒汁，还能够在海葵的触角里钻来钻去，寻找海葵吃剩下的食物残渣。

原来，海葵与小丑鱼之间是一种共生的关系。海葵为小丑鱼提供居住的场所和安全保护，而小丑鱼则负责清理海葵的身体。就这样，海葵和小丑鱼从彼此的密切关系中互利。

中美洲有一种鸟叫文鸟，它们常常把巢安置在凶猛的黄蜂的蜂巢旁边，但有趣的是，黄蜂对这个不速之客却并不排斥，反而对侵犯文鸟的鹰、蛇等各种敌人毫不留情。作为报答，文鸟也使黄蜂的天敌——一种凶猛的细腰蜂避而远之。这样，它们相互保护了对方的安全，也使自己受益匪浅。

生活中也是如此，大家在一起做事情，不仅自己要有收获，还要让对方也从中得到收获，这样才能够把良好的关系维系下去。如果只是一个人单方面的得到，其他的人都是付出，那么这种关系很难维持长久。

学会共赢，我们的生活才会更幸福成功。

心理学家道奇做过一个很有意思的实验。他把一些人分成两组，分别扮演两个运输公司总经理。他们的任务是要使自己的车辆以最快的速度通过一些道路，先通过的人赚钱多，得到的回报也多。

为了到达终点，每个人都有两条道路可供选择，一条是个人专用的道路，这条路上没有其他车辆，但是很远，需要很长的时间才能到达；另外一条是可以两人共用的道路，很窄，每次都只能允许一辆车通行。

为了多赚钱，双方应该合作，轮流走近路。可是他通过实验发现，两组司机都在拼命地抢先走近道，结果狭路相逢，谁也不肯让步。最后，他们僵持在路中央，寸步难行。

道奇发现，只有相互合作、相互帮助，才能够得到更多的收益。

生活中你会采取同样的策略吗?

生活中，由于性格、情绪等心理特点的影响，很多人和实验中那两组司机一样，采取的不是合作、共享的态度，而是相互敌视、拒绝协作。这样，结果就如同实验中的结果一样，因为缺乏协作而时常陷入困境。

主动从自己做起

心理学家詹姆士说过：“如果你不具备赢家的性格，那么与人打交道时肯定会输。”如果要成功，就要学会合作和共赢，要从自身做起。以大度、豁达的性格来对待别人。若对别人采取一种不信任、排斥的态度，事业遇到阻碍不说，还可能受到抑郁、心理压力过大等问题的困扰。

关注别人的需要

不知道你有没有关注身边的人，他们可能正心情悲伤，需要别人的安慰；他们也许正感到很焦虑，需要你的理解，来帮助他们缓解自己的紧张情绪，或者他们正为工作忙得焦头烂额，需要你施以援手，关注别人需要什么，并适当地加以满足，你就会受到别人的欢迎。

予人玫瑰，手有余香

有一个很多人都知道的古老的心理常识：你自己不快乐，就无法让别人快乐。你自己不阳光，也无法让别人变得阳光。知道自己拥有什么，拥有怎样的特长，然后用你的特长去适当地帮助别人，你就会很快乐。正如美国随笔作家查尔斯·华纳所说的：“人们在真诚地帮助别人的同时，也是在帮助自己。”

认识自己的价值

在生活中，由于决断失误或环境影响，我们可能会多次犯错误，甚至自信心都会被击垮，觉得自己一无是处。但实际上，无论发生什么，你从来都没有失去自己的人生价值，没有什么能够阻挡你发挥自己的潜能。自我接受是让心理变得强大的第一步。

越是自信的人，就越是受欢迎。因为人们都相信你有一种成功的能力，能给他们带来更多。自信如同一块磁石，会把人们牢牢地吸引在你的身边。但缺乏自信的人则不然，人们从他们的表情中看到了焦虑和不安，会自然地躲开他们。

与人共赢的秘诀就在于改变自己。让你变得阳光、自信，当你从心底里发出一股强大的信心时，你就会成为吸引众人的有魔力的人。

6. 消除孤独感

——与别人一起成功

任何人都无法独自一个人生活，也无法独自一个人取得成功。

麦克与里奇同时毕业于同一所著名的大学。毕业后，他们又受聘到同一家公司里工作。两个人的性格差别很大，麦克略有一些内向，喜静不喜动，做事认真、严肃。里奇则是活泼好动，开朗大方，爱说爱笑，和谁都能很快打成一片。

麦克从入职开始，就谨慎地做好自己的本职工作，凡事以工作为先，力争让自己的工作做得尽善尽美；与别人打交道的时候，也严谨认真、公私分明。里奇则发挥了自己热情、并善于与别人打交道的特点，以友好的态度对待每一个人，用自己的情绪去感染别人。

两年过后，公司里有了晋升机会，结果，里奇获得了公司的一致认可，得到了晋升的机会，而麦克则与晋升失之交臂。

可能有人会问，为什么麦克勤勤恳恳工作，结果却没有得到同事认可，反而是更注重人际关系的里奇受到了欢迎？

其实这并不奇怪。心理学家发现，人们在与别人交往时，有一些人会以工作为中心，处处讲原则，一丝不苟；另外一种人则善长处理各种人际关系，在工作中，往往是后者更受欢迎。

心理学家根据人与人交往时的特点把人分成五种类型。

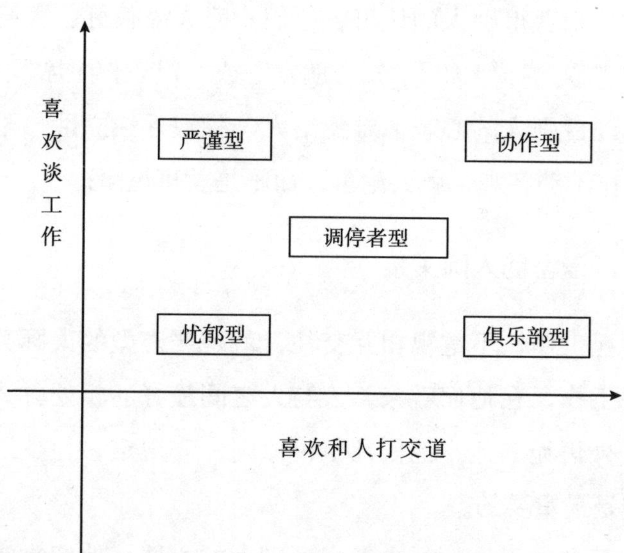

➲ 你是哪种人际关系类型

第一种：忧郁型的人际关系

如果既不重视人际交往，也不重视工作，那么就属于忧郁型的人际关系。

这种类型的人无论是在处理工作，还是在建立感情上都很不成功，工作上，给人一种能力很差，不会做事的印象；人缘也不好，处处树敌，性格孤僻、冷漠，难以接近，几乎没有什么朋友，游离在人群的边缘。

第二种：俱乐部式的人际关系

如果很重视人际交往，但不重视工作，就是俱乐部式的人际关系。这种类型的人对别人的心情变化十分敏感，善于观察和了解别人，喜欢通过满足别人的需求来获得别人的认可。他们一般人缘很好，很受欢迎，常常被别人认为是“慈父”“大姐”“知心朋友”或“俱乐部主席”。但这种类型的人因为过于迎合别人的心态，难免给人一种缺乏独立性，不太有主见的印象；对待工作不够客观，就人论事，而不是就事论事。

第三种：严谨型的人际关系

如果只重视工作，不重视相互交往，就是严谨型的人际关系。这种类型的人只在乎工作，在他们看来，人与人之间最好的相处方式就是把工作做好，除此之外再无其他。他们凡事讲原则，守规定，很少讲感情，对他们来说，工作是最重要的。

但由于过于在乎工作，很少考虑到别人的心情，他们常常因为太过严厉而不受欢迎。他们被别人视为不通人情的人，工作能力虽然很强，但没什么朋友。

第四种：调停者型的人际关系

如果在工作和交往之间采取一种平衡的态度，就是调停者型的人际关系。这种类型的人坚守“不偏不倚为之中”的观点，总是坚持中间立场，不走极端，擅长调解矛盾。在自己与别人发生冲突时，经常会采取妥协的方式。

他们一般不太树敌，给人的印象是比较老练，让人觉得他是一个“和事佬”。

第五种：协作型的人际关系

如果既重视工作，又在乎交往，就是协作型的人际关系。这种类型的人清楚地知道与别人相处的原则，又不乏感情的沟通。他们既有自己的原则，又能够保持足够的弹性，不会因为过于坚持原则而缺乏人情味。能够对人与人之间相处时出现的问题进行理智地分析，提出客观合理的解决办法。能够客观处理问题，同时照顾到各方面的感受，找到一个大家都可以接受的方案。在别人的眼中，他们是通情达理的、值得信赖的。他们具有一种超凡的能力：能够让周围的人团结在自己的身边，为一个共同的目标而努力。

一般来讲，每个人都有自己相应的类型和特点，但这些特点并不是固定不变的。为了生活的幸福与事业的成功，需要我们根据实际情况去相应地调整自己。

7. 尝试自我催眠
——相信自己能行

生活中要时时保持积极的心态。

有一位年轻人，用现在的话说，就是一位标准的“宅男”，每天的生活除了偶尔上街买点东西，其余的时间基本上就是“宅”在家里了。每天在电脑前面一坐就是好几个小时，没完没了地打游戏，饿了就吃泡面，累了就在电脑前面小睡一会。每天与别人打交道的时间不过是去超市买东西的那十来分钟。他也不想整天闷在家里，可是又觉得除此之外，似乎无事可做，时间久了，他觉得自己越来越孤独，越来越消沉。

尝试着做下面这个练习。

去想象这样一幅画面：

你正站在大海旁边，海面十分广阔，一眼望不到边。海风吹在你的脸上，让你感觉十分温暖舒适。海浪轻轻地洗刷着你的双脚，你感到舒服极了。

接着，继续告诉自己："我的心情越来越好，越来越轻松，生活中再也没有什么事情能够让我烦恼的了。"

如此重复三分钟，看看你会有什么变化？

相信你的心情一定会变得豁然开朗，与刚才完全不同。

积极的心态会改变我们的生活。心理学认为，人的思想是受我们的心态影响的。你越是调动它，它所产生的力量就越大。但如果你总是对它听之任之，任由它松懈下去，它的能量将会很快地衰减。积极主动的思想会让你变得充满活力；消极被动的思想则相反，消减你的能量，让你越来越懒惰，直到让机会白白溜走。

积极地调动自己的心态，你就会变得更快乐、更成功。

可以通过下面一些方式在生活中不断地调整自己。

随时采取行动

人的灵感是随时闪现的，每天坐地铁上班的时候，晚上走在回家路上的时候，或者躺在公园的长椅上休息的时候，你正在读某本书的时候，你可能有很多奇想，那么不要犹豫，立即把它记下来，写在你随时可以看得到的地方，它们可能成为改变你生活的新的起点。在写下它们的时候，你的手、身体、肌肉，都在行动，这就是对你身体的一种暗示。身体在接受了这种暗示之后，将会行动起来。当你想做一件事情的时候，就要马上采取行动，不要拖沓。慢慢地，你会发现有些事情在悄悄发生改变。

减少抱怨

抱怨会破坏我们对生活的感受。

有一位家庭主妇，听说一个庙里的神仙很灵，就去祷告。她不停地祷告，希望神仙能够帮助她解决生活中的种种难题，可是无论她怎样努力，神仙也没理她。最后她不解地问："我这么虔诚的向您祈祷，为什么您不理我？"

神仙无奈之下开口了："你的唠叨让我精疲力竭，我哪还有心思帮助你？"

这只是一个笑话，不过生活中确实应该减少抱怨，不要让那些没用的抱怨破坏你的生活。生活中总是有很多不如意的事，可是既然生活就是如此，那么就远离抱怨用乐观的态度面对它。

坚持做自己，不受他人干扰

有一大群青蛙准备举办登铁塔比赛，看谁能够最先爬到塔顶。

比赛开始了，大家都奋力地向上爬。有一只小小的青蛙也混在队伍当中，它看上去太弱不禁风了，没有谁相信它也能够爬到楼顶。因为大家纷纷议论：

"这太难了，它肯定到不了塔顶！"

"它不可能成功的，别试了。"

但是，小青蛙专心致志地爬，好像什么都没听到一样。

比赛路程很艰辛，很多青蛙都坚持不住，半途放弃了，反倒是那只最不起眼的小青蛙冲在前面。

最后，其他所有的青蛙都退出了比赛，只有那只小青蛙到达了塔顶，成为了唯一的胜利者。

从这个故事中可以得到什么启发呢？

学会微笑

用积极和感恩的心态来面对生活中的每一天。学会微笑，生活会改变很多。

虽然生活中可能会遇到很多不愉快的事情，但是生活毕竟还要继续。对每一个你遇到的人报以微笑，你的生活将充满阳光。

第八章　常见心理测试

1. 心理年龄测试

生活中我们经常会看到一些外表成熟，但性格却很情绪化的人，他们突然之间就会发脾气，又哭又闹，这与他们的心理年龄发展不够有关。

每个人都有两个年龄，一个是生理年龄，另外一个是心理年龄。生理年龄代表了一个人的生理发育程度，而心理年龄则代表了一个人的心理成熟程度。一个人的心理年龄不一定与他的生理年龄相符。有的人虽然年少，却已经少年老成；有的人生理年龄很大，但言行举止仍然如同小孩。如果 20 岁的人由于经历的事情较多，则可能拥有 40 岁的心理年龄；但如果内心始终没有成长起来，即使年龄很大，性格也可能像小孩子一样。

从心理成长的角度来讲，情绪化是一种心理发育迟滞现象。如果一个成年人总是表现出一些情绪化的行为，则可能是因为他的心理年龄远低于生理年龄所致。

如果心理年龄低，与生理年龄不符，就会用情绪来表达自己，比如爱发脾气，即使已经成年，但内心还可能像一个小孩子。但随着年龄的增长，多数人就会学着去面对现实，客观解决问题，不再用情绪化的方式解决问题。这才是正确的生活方式。

测测你的心理年龄

一个人的心理年龄并不一定与他的实际年龄相符。有的人年事已长，言行举止犹如孩童；有的人身处花季，却已然少年老成。你的心理年龄是多少？来测测吧。

（1）你喜欢和哪一类人相处？

A. 比自己年龄小的。

B. 与自己年龄相仿的。

C. 比自己年龄大的。

（2）当你的朋友不赞成也不理解你的建议时，你会：

A. 置之不理，不再与他说话。

B. 继续解释，直到他认同自己时为止。

C. 耐心地解释自己的观点，希望双方能够达成一致。

（3）和朋友聚会，当你觉得情绪低落时，你会：

A. 毫不掩饰自己，尽情表现出来。

B. 强作欢颜，不让人注意到自己不快的情绪。

C. 如实告诉朋友自己今天心情并不好，找个借口离开。

（4）工作上遇到麻烦，下班后你会：

A. 对别人发脾气，或者一个人生闷气。

B. 对家人、朋友诉说，希望得到安慰。

C. 把烦恼说出来，然后再想办法解决。

(5) 有个人正说一件你已经知道的事情，你会：

A. 如实地告诉他，我已经知道了，不想再听了。

B. 听到一半，然后表示你已经知道了。

C. 表示你已经知晓，并表达自己的见解。

(6) 如果恰好错过一班班车，你会认为自己：

A. 觉得自己运气真差，责备自己为什么没再早一点。

B. 焦躁地等待，希望下一班早点来。

C. 继续耐心等待，并想一下明天出发时应该怎样安排。

(7) 马上要过节了，你会：

A. 激动不已地等待。

B. 花许多时间想象要做的事。

C. 仔细筹划过节应该怎样安排。

(8) 如果发现别人做的事不当，你会：

A. 马上指出来，并告诉他。

B. 沉默不语，假装不知道。

C. 在适当的时候表达出自己的见解。

(9) 即将有一件很重要的事情要做，你会：

A. 感到非常紧张，不知道怎样办才好。

B. 努力让自己不把它放在心上，假装毫不在意的样子。

C. 让自己平静下来，想想应该怎样做。

(10) 如果有人莫名其妙地向你发脾气，你会：

A. 大声辩白，表明与自己无关。

B. 与对方争执，努力证明不是自己的过错。

C. 等对方平静下来再解释。

(11) 遇到一件自己特别不喜欢的事情时，你会：

A. 发脾气，把自己的情绪宣泄出来。

B. 躲开，希望以后不再遇到才好。

C. 想想为什么这样的事情会发生、以后怎样避免。

(12) 如果做了一件别人不喜欢的事情，你会：

A. 坚持并想证明自己的观点是对的。

B. 假装什么也没发生，连着几天不理他（她）。

C. 很快冷静下来，并且想办法改变。

对上面的每一道题，选 A 计 1 分，选 B 计 2 分，选 C 计 3 分。总分在 12 ～ 20（含 20）分的，属于心理年龄小于实际年龄者；总分在 21 ～ 28（含 28）分的，属于心理年龄与实际年龄大致相仿者；总分在 29 ～ 36 分，属于心理年龄大于实际年龄者，说明你的性格比较成熟，擅长处理各种突发事件。

2. A 型 /B 型性格测试

医学中把人的性格分为两种：A 型性格与 B 型性格。

A 型性格的人的特点是：

进取心强，喜欢从事有竞争性的工作，喜欢冒险。

喜欢同时做好几件事情，总是想在最短的时间内把事情做到最好的效果。可以进行持续高强度的工作，不容易疲劳。

不愿意花时间等待，不喜欢按部就班的工作，如果非这样不可的话，常常会感到烦躁不安。

一刻也不愿意闲着，如果有几个小时没有事情做，就会觉得缺少点什么。

情绪不稳定，易怒，说话的时候喜欢打断别人的讲话。有一些典型的动作，比如紧握拳头、敲桌子、转笔等。

容易走极端，高兴起来像个孩子，天真烂漫，开心无比；失望的时候又变得怀疑、焦虑、信心全无，情绪起伏很大。

行动敏捷，喜欢动个不停，吃东西狼吞虎咽。

与 A 型性格相对应的是 B 型性格。

B 型性格的人的特点：

宽容、随和，对一切事情看得开。

做事从容不迫、耐心沉着，不易激动。

工作节奏缓慢，无时间紧迫感。业余生活丰富，喜欢从事各种娱乐活动。

不计较个人得失，不愿意从事竞争性的工作，不愿意冒险。

动作慢条斯理。

一般说来，A 型性格者的敏感性与反应性极强，更容易受到心理压力的困扰。如果你有 A 型性格者的特征，就应该注意多调整自己的工作、生活节奏。比如，选择一份节奏比较慢的工作；多参加一些非对抗性的体育锻炼，放松训练；多进行一些旅游、休闲活动……当情绪上来时，有意识地进行控制，会有助于减少心理压力。

可以借助于下面的方法来判断一个人拥有 A 型性格还是 B 型性格。

A 型 /B 型性格诊断

看下面的 20 项描述中，符合你的有多少项：

(1) 做事冲动，很少三思而后行。

(2) 总是充满危机感。

(3) 做事情时喜欢有人在旁边观看。

(4) 很在意别人对自己的看法。

(5) 有长远的规划。

(6) 喜欢做众人的领袖。

(7) 不喜欢做重复的工作。

(8) 喜欢影响别人。

(9) 习惯于独断专行。

(10) 喜欢对抗性的体育活动。

(11) 一边吃饭，一边看报纸。

(12) 总是揣摩别人的心理。

(13) 总有跳槽的想法。

(14) 更关注结果，并不在意过程。

(15) 很少回顾自己走过的路。

(16) 喜欢冥思幻想。

(17) 看待事情的观点常常变化，不固定。

(18) 好读书，但不求甚解。

(19) 有批判精神，不轻易相信别人。

(20) 好冲动，有时喜欢发脾气。

如果以上特征有 14 项以上（含 14 项）符合你，你就是一个典型的 A 型性格的人；如果有 7 ～ 13 项符合你（含 7 项），你是有 A 型性格倾向的人，如果符合你的描述在 7 项以下，你就是 B 型性格的人。

3. 人际关系测试

本心理测试用于测试你在生活中是否拥有亲密的人际关系发展能力，以及你的性格中是否具有足够的人际交往倾向。请根据你在生活中的实际情况、你的第一感觉作答，不要参照别人的答案，也不要做过多的推理或假设。

(1) 生活中我有很多的朋友。

(2) 我很少感到孤独。

(3) 和别人在一起让我感到很快乐。

(4) 只要有时间，我会尽量和朋友在一起。

(5) 同事、朋友之间相互帮帮忙是很正常的事情。

(6) 如果我遇到难题，总会有人来帮我。

(7) 我的朋友都是比较信得过的，很少有那些只能给别人带来麻烦、不能给别人带来帮助的人。

(8) 到了陌生的环境里，我总能找到可靠的人，并与他们建立亲密的关系。

(9) 没有事业的伙伴是一件很可怕的事情，那样的话我们的事业将很难成功。

(10) 如果是必要的话，为朋友付出一些是应该的，也是值得的。

(11) 在工作中我是一个乐天派，总是很受欢迎。

(12) 在结交朋友时正确的相处是结交那些懂得相互付出的人。

(13) 对别人要有一定的同情心，尤其是那些与你关系亲密的人。

(14) 感情与原则都要有，这样我们才能够把握与别人交往的分寸。

(15) 对于我不喜欢的朋友我懂得怎样去拒绝。

(16) 保持一种友好的姿态很重要，这样我们才能够生活幸福、事业成功。

(17) 同事朋友之间相处要学会相互谅解，不然就很难建立亲密关系。

(18) 在工作中适当处理好人际关系很重要，这与阿谀奉承完全不同。

(19) 在生活中应该保持必要的谦逊，这在人际相处中尤为重要。

(20) 对于那些不懂得付出的人，一定要学会拒绝。

对于上面的描述，如果符合你的情况的请按 1 分计，否则不计分。

如果所得总分在 18 分（含 18 分）以上，说明你是一个有着良好人际关系处理能力的人。你有着很强的交往能力和交往意愿，知道怎样与别人相处，才能够实现自己的目标。生活中你总是能够很好地控制自己的交往目的，准确地找到那些可以相互信任的人，并且通过积极的交往给彼此带来相互收获，这对你的生活、事业都有很大的帮助。性格成熟，心态稳定，待人接物都有着很好的控制感，知道如何把握分寸，别人与你在一起总是感觉很愉快，对你有较强的信任感。你的自我评价很高，对生活、事业有着很强的掌控能力。因为融洽的人际关系的存在，你有着很多的事业伙伴和人生发展机会，这使你的人生目的与事业目标大都能够轻松实现。

如果总分在 8 ～ 17 分，你可能是一个交往能力比较突出的人，你有着较强的人际关系处理能力，知道怎样通过与别人交往，才能够实现自己的目标。你能够控制自己的交往对象，准确识别出自己应该交往的对象，并能迅速与他们建立稳定、和睦的关系，这对你的生活和事业都着很大的促进作用。你的心态较为稳定，性格比较成熟，在别人眼里，你是一个能够信任的人。但有的时候你也会有一些情绪上的波动，与别人发生一些矛盾和冲突，有时会感到比较困惑，不知道该怎样与别人达成谅解，要想改变这种情况，需要进一步提高你的人际交往能力。你的幸福感较强，自我掌握能力处于中上的水平，人生与事业的发展较为顺利，你所预想的人生目标大都能够较好地实现。

如果总分在 7 分以下（含 7 分），你的人际关系处理能力可能有明显的不足，在生活中你可能显得比较孤立，不太懂得怎样与别人友好的相处才能达到自己的目的。或者交往太过随意，不知道怎样控制自己的交往对象，这使你的交往毫无目的性可言。在与别人相处的时候，你可能显得固执、倔强、拘谨、缺乏亲和力，很难与别人有亲密的沟通。你的性格可能显得不够成熟，与别人相处时常会有情绪化的情况发生。因为缺乏良好的人际关系，你的很多人生目标都不能实现。如果有这种情况的发生，你就必须调整自己，积极交往，主动沟通，提高你的人际交往能力，为你的生活和事业增加更多的帮助。

4. 情商测试

本测试用于测试你的个人意识中是否拥有足够的情绪协调能力，它对你的个人生活的建立、事业的发展非常重要。请根据你在生活中的实际情况直接判断作答，不要做过多的推理和假设。

(1) 不管别人怎么评价我，在我自己眼里，我都认为自己是一个不错的人。

(2) 如果有谁说我不行，我一定要努力做出样子给他看看。

(3) 享受现在只是生活的一部分，对于我来说，我更看重将来。

(4) 我总能让自己保持一种积极、快乐的状态。

(5) 不管做什么，我都能坚持到底。

(6) 我经常有一些新奇的想法，但绝不等同于不切实际。

(7) 如果心情不好的时候，我会向别人诉说，而不是把它埋在心里。

(8) 与别人发生矛盾的时候，我知道如何摆脱。

(9) 一次失败不等于失败一生，遇到困难的时候我知道如何走出困境。

(10) 对于我认定的想法，我一定会想尽各种办法把它实现，绝不会轻易对自己说“不”。

(11) 遇到困难的时候，我常常鼓励自己。

(12) 我有调动和影响别人的能力。

(13) 在说话之前我会认真的思考其合理性。

(14) 有时我会认真思考别人，考量他们内心的想法，这样才能够更地了解他们，与他们更好地相处。

(15) 在生活中不能轻易放弃，这样才能够成功。

(16) 能够坚持自律很重要，这样才能成功。

(17) 我知道怎样与别人沟通交流，怎样表达自己。

(18) 生活总是充满着不确定性，但我仍充满期待。

(19) 即使竞争失败了，我也不会感到沮丧。

(20) 对我来说一件很重要的事就是要鼓起勇气面对生活，我总是这样安慰自己，即使在别人都放弃的时候。

对于以上的描述，如果符合你的情况请按 1 分计，否则不计分。

如果所得总分在 18 分（含 18 分）以上，你是一个拥有很高情商的人。在生活中，你有着勃勃的雄心、远大的目标，知道人生若不努力，就会失去对自己的掌握的道理。你有着很强的对自己的情绪进行掌控的能力，知道怎样通过严格地控制自己、坚持自己，达成你的生活愿望。知道以怎样的方式构建融洽的人际关系来实现你的目标。因为这种能力的存在，使你比一般人能够得到更多的发展机会。

如果所得总分在 8 ～ 17 分，你的情商处在中等的水平。在生活中你有着较高的人生追求，知道生活如果不努力就很难成功的道理。你也懂得怎样控制自己的情绪、坚持自己、提高自己各方面的能力，以实现你的愿望。你有着较高的领导才能，在生活、事业方面大都能够较熟练地掌握，知道如何影响别人、与别人一起实现你的目标。但是，你在发挥这种能力的时候，有时可能显得不是那么得心应手，因为你对自己的能力的掌握，比如管理才能、沟通才能、交往才能、个人影响力等方面，还不是那么的纯熟。这都需要进一步的努力，才能进一步提高。

如果所得总分在 7 分以下（含 7 分），你是一个容易受到情绪影响的人。在生活中你可能显得比较忧虑、恐惧，不敢与别人竞争，不敢在众人之前抛头露面，不愿意承担更多的责任。在生活、事业方面，都显得不是那么得心应手。因为缺乏情绪协调能力，你可能因此会失去很多提升与发展的机会。如果是这种情况，你就应该适时做出调整，提高自己的情绪掌控能力，这样你的人生目标才能实现，才能取得更大的成功。

5. 工作压力测试

过高的心理压力会对人的健康造成严重的危害。

压力过大者，首先感受到的是情绪上的不安：紧张、焦虑；热情减退，对事物冷漠不感兴趣；喜欢攻击别人；容易疲劳，挫折感强；厌世、孤独，有时会出现情感抑郁。

由于紧张的情绪无处释放，容易受到愤怒、沮丧等不良情绪的控制。为了减缓精神上的紧张，精神压力过大者常常求助于吸烟、酗酒、或者暴饮暴食来平缓自己的神经，长此以往的结果却是陷入烟瘾、酒瘾和其他一些不良的生活习惯中，不能自拔。

许多平日里表现优异的运动员，一到关键时刻就会出现发挥失常的情况，这是由于在强大的心理压力下思维活动受扰，使动作变形所致。心理压力会对人的思维活动产生直接的影响，一个人在紧张的情况下，视野狭窄、判断力下降，无法集中注意力在当前的事情上，常常做出错误的判断。

长期处于重压之下还会引发一系列身体的疾病。短期的压力会引起肾上腺素分泌增加、血压升高、血糖增加、心跳加快等；长期的紧张情绪会导致心律不紊、失眠多梦、盗汗、慢性胃肠炎，皮肤粗糙、体温忽冷忽热、免疫系统功能失调等症状。有研究表明，长期的精神紧张与心脏病、皮肤病、胃肠道疾病、神经衰弱等多种疾病有关，是癌症的重要诱发因素之一。

对比着看一下，你是否已经是一只“惊弓之鸟”？

心理测试：你的心理压力有多大？

(1) 对什么事情都提不起兴趣。

(2) 容易感冒，且不易治愈。

(3) 晚上不易入睡，即使睡着了也是多梦。

(4) 容易与同事发生口角。

(5) 有头脑不清楚、头痛的感觉。

(6) 稍有一点不顺心就会生气，烦躁不安。

(7) 有很大的烟瘾。

(8) 不喜欢出现在人多的场合。

(9) 平时很少笑。

(10) 经常口腔溃疡。

(11) 食欲不振。

(12) 看电视不停地换台。

(13) 舌头上出现白苔。

(14) 没有好朋友。

(15) 难以控制自己的情绪。

(16) 有过多次喝醉的经历。

(17) 与家人不和谐。

(18) 容易冲动，做事不计后果。

以上诸项如果出现了 5 项，属于轻微紧张型。

出现 9 ～ 14 项，说明你已经受到心理压力的困扰，需要调适和休息。

倘若在 14 项以上，属于严重紧张型，必须予以重视。

当压力过大时，可通过自我放松调节。比如散步、慢跑、做一些户外锻炼；周末出去旅游，平时听听音乐，都是很好的放松。也可主动为自己减压，比如减少加班的时间、保证充分的睡眠，张弛有度，养足了精神，才能更好地工作。

6. 内向型、外向型性格测试

根据一个人内心的活跃与开放程度，可以把性格分为内向型性格和外向型性格。

对于内向型的人而言：

优点：

喜欢反省，喜欢一个人苦思冥想而自得其乐；思维深刻，体验独特，不轻易发表自己的观点，但一旦发表，就会有很有分量。做事三思而后行，小心谨慎，深谋远虑。善于观察和分析，观点深刻。坚定，有自制力，有耐心。

缺点：

过于敏感，容易被别人不经意的言语伤害。喜欢独处，不愿意与别人交往，多疑，害羞；话不多，小心翼翼，生怕说错话；在人多的场合显得过于拘谨，容易羞怯，甚至会回避人多的场合；容易给人留下一种犹豫、迟疑，不容易接近的印象；朋友很少，有时会显得很孤独；观点鲜明，但缺乏变通，有时显得固执己见。

对于外向型的人而言：

优点：

思维活跃，活泼开朗；他们不喜欢独处，热衷于与别人打成一片，总是喜欢往热闹的环境里钻；健谈，不怯场，落落大方，从不羞涩，喜欢表达自己的观点；热情，有感召力，不拘小节；兴趣广泛，好奇心重。

缺点：

缺乏深刻的思考，浅尝辄止；心里留不住话，想到什么就会表达出来；由于缺乏深刻的体验，容易满足于表面的东西，有时难免会显得肤浅；朋友很多，但大都是表面上的，缺乏知己；缺乏主见，容易受流行的东西影响，随波逐流。

相比较而言，外向型的人一般会显得更健康、活泼一些，内向型的人则过于害羞、不善于交往，易被人视作“闷罐子”一个。由于内心的压抑得不到有效的疏导，因此内向型性格的人适应能力一般会差一些。但只要善于调整，每一种性格的人都可以调整自己，在保留自己优点的同时，兼备其他性格的优点。

本心理测试用于测试人的性格中是否具有足够的情绪稳定性。请根据你在生活中的实际情况作答，不要参照别人的，也不要做过多的推理或假设。

(1) 在别人眼里，我是一个健康、快乐的人。

(2) 心情好时我会努力工作，心情不好时我会选择放松一下。

(3) 对于适应新的环境我不会感到太紧张。

(4) 工作中我很少有与别人发生冲突的时候。

(5) 即使压力很大的时候我也能好好地休息，很少有失眠的时候。

(6) 不愉快的事我会暂时把它放到一边。

(7) 如果感觉压力太大，我会好好地调节自己。

(8) 迁怒于别人不是一个好习惯。

(9) 如果感觉心情不好，我会把它告诉别人，让他们帮助我解决。

(10) 保持积极乐观的心态对于我来说很重要。

(11) 我总是精神抖擞的，很少有疲惫的感觉。

(12) 与家人在一起让我感到很高兴。

(13) 我不会为那些小事心烦，聪明人会把它们忘掉。

(14) 不管喜不喜欢，我都能以正确的态度对待别人。

(15) 在人多的场合我总是能够应对自如。

(16) 生活中我的朋友很多，没有什么敌人。

(17) 我不喜欢发脾气。

(18) 如果感到很沮丧，我会静下来好好想想为什么。

(19) 我相信大多数人都是善良的，和他们交往总让我很愉快。

(20) 如果伤害了别人，我会选择道歉。

对于以上的描述，如果选择符合你的情况的请按 1 分计，否则不计分。

如果总分在 18 分（含 18 分）以上，你是一个情绪稳定、心态开放的人。你开朗大方，心态成熟，知道如何表达自己，这对你的生活幸福和事业发展很有帮助。在别人眼里，你积极乐观，通情达理，有同情心，有感染力，能够体谅别人，懂得考虑别人的感受，懂得如何交流，不迁怒于人，知道如何给别人带来快乐，是一个值得信任和嘱托的人，这常常使你赢得更多的机会。你的生活幸福感和事业成就感都很强，在生活中容易受到欢迎。

如果总分在 8 ～ 17 分，你是心态较为开放的人，你善于表达，懂得体贴，知道如何考虑别人的感受，不给别人添麻烦，懂得如何与别人沟通，能够赢得别人的信任，生活快乐，事业也成功。不过，虽然多数情况下都很稳定，有时你也会被坏心情困扰，有时会显得过于谨慎，不敢表达自己，与别人发生矛盾时有时会很困惑，不知道如何摆脱。如果有这种情况的发生，你就必须学会适当地排解自己，化解坏心情，继续保持开放、乐观的心态，帮助你继续取得成功。

如果总分在 7 分以下（含 7 分），你是一个比较内向的人，在生活中可能会显得过于孤僻，不善于交往，不会沟通，缺乏自我表达能力，显得沉闷。由于跟别人缺乏足够的交往，你往往会显得过于保守，这会影响到你的生活、你的事业。如果你是处于这种状态，就必须调整自己，通过积极的交往来调整自己的情绪、改变自己的性格，以一种积极、平和的心态来面对生活和事业，这样才能走向成功。

参考文献

[1] 候玉波 . 社会心理学 [M]. 北京：北京大学出版社，2002.

[2] 格里格，津巴多 . 心理学与生活 [M]. 北京：人民邮电出版社，2004.

[3] 迈尔斯 . 社会心理学 [M]. 北京：人民邮电出版社，2006.

[4] 耿兴永 . 潜意识，心理学帮你发现未知的自己 [M]. 3 版 . 北京，中国纺织出版社，2016.